미세먼지 과학

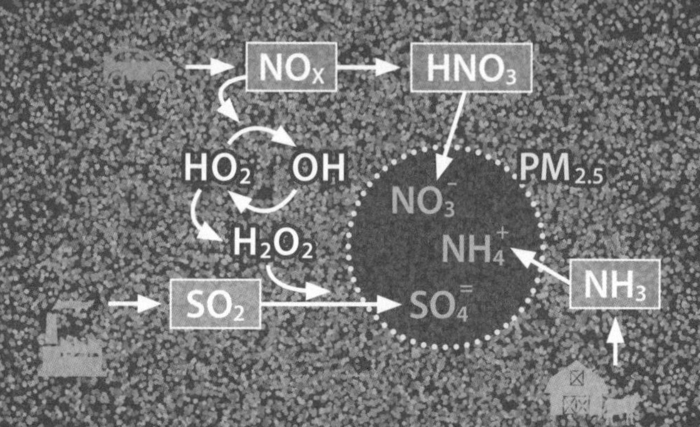

미세먼지 과학

현상민, 강정원 저 / 홍기훈 감수

최근에 미세먼지가 주목을 받게 된 것은 이 미세먼지가 대기에 존재하면서 인간의 건강뿐만 아니라 육상이나 해양생태계 또는 농업에까지도 큰 영향을 미치고 있고 그 정도가 점점 심해지고 있기 때문이다. 미국환경보호청(USEPA) 보고에 의하면 미세먼지 농도는 인간의 건강과 밀접한 관계를 가지고 있으며, 특히 암 발생과 깊은 관계가 있음이 알려졌다. 마찬가지로 국내에서도 미세먼지의 중요성을 인식하여 다양한 연구가 진행되고 있으며, 정부에서는 2016년에 전문가로 구성된 연구기획위원회를 구성하여 미세먼지 문제를 9개의 국가전략 프로젝트 중 하나로 선정하였다.

국립중앙도서관 출판예정도서목록(CIP)

미세먼지 과학
저자 : 현상민, 강정원
— 부산 : 한국해양과학기술원, 2017
(p.216 ; 15.2 x22.4cm)

권말부록: 황사의 정의와 중요성 등
참고문헌 수록
ISBN 978-89-444-9059-0 93530 : ₩18000

대기 오염[大氣汚染]

539.92-KDC6
628.53-DDC23 CIP2017033181

미세먼지 과학
이 도서의 국립중앙도서관 출판예정도서목록(CIP)은 서지정보유통지원시스템 홈페이지(http://seoji.nl.go.kr)와 국가자료공동목록시스템(http://www.nl.go.kr/kolisnet)에서 이용하실 수 있습니다. (CIP제어번호 : CIP2017033181)

미세먼지 과학

초 판 발 행 2017년 12월 18일
초 판 2 쇄 2018년 12월 7일

저 자 현상민, 강정원
발 행 인 홍기훈
발 행 처 한국해양과학기술원
부산광역시 영도구 해양로 385(동삼동 1166)
등 록 번 호 393-2005-0102(안산시 9호)
인쇄 및 보급처 도서출판 씨아이알(02-2275-8603)

ISBN 978-89-444-9059-0 (93530)
정 가 18,000원

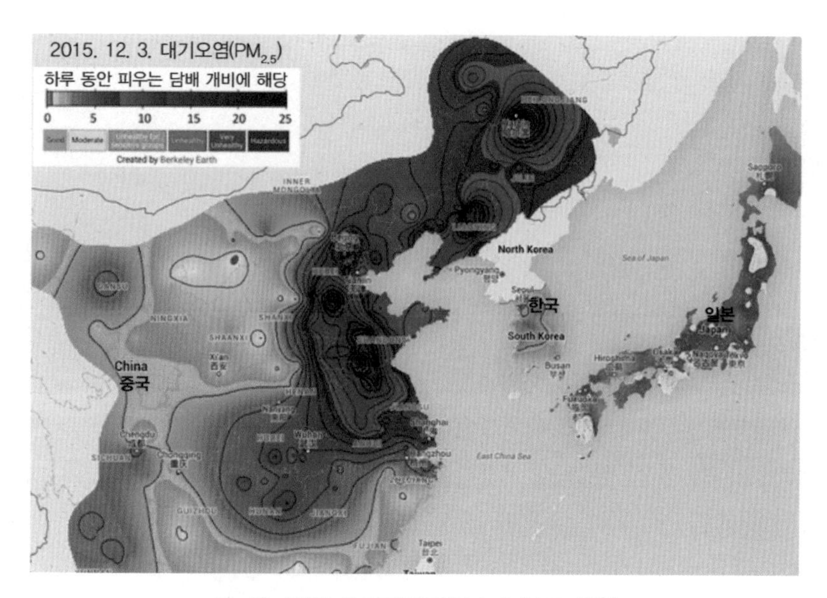

한·중·일의 초미세먼지($PM_{2.5}$) 분포 현황

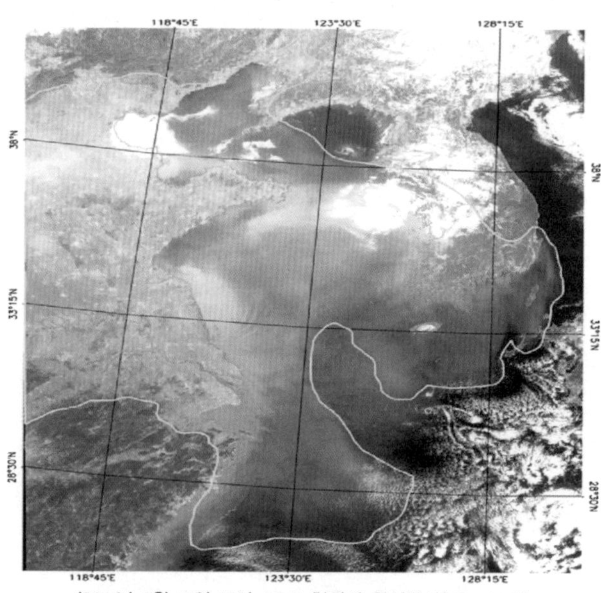

⟨2017년 2월 13일 12시 GOCI 천연색 합성영상(B6:B4:B2)⟩

중국과 우리나라 일부를 덮고 있는 미세먼지 위성 영상

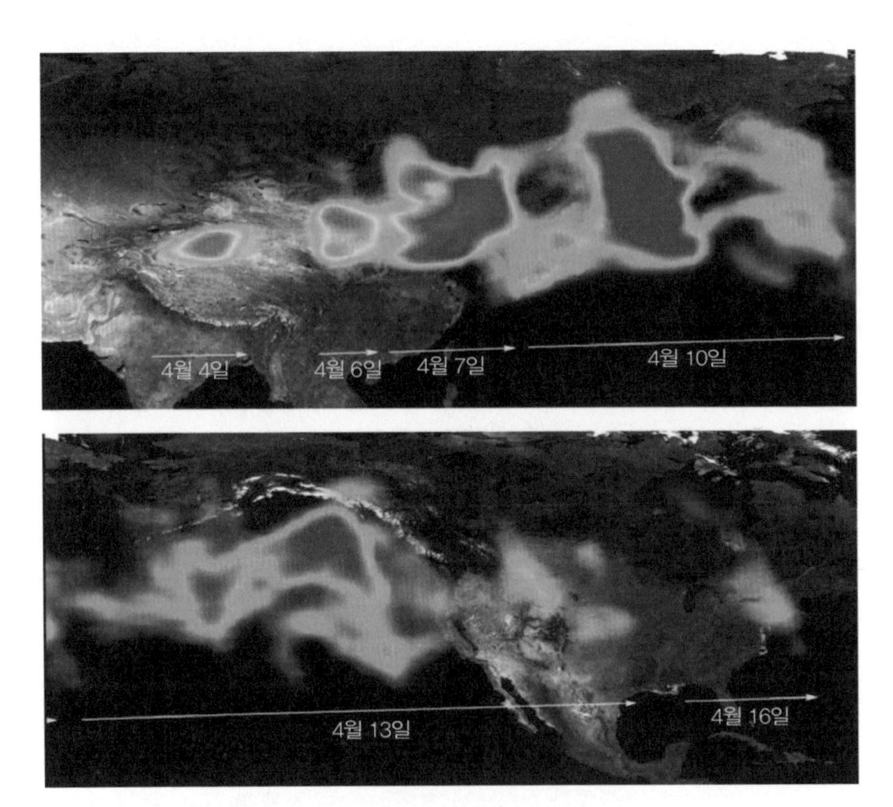

아시아에서 발원한 황사가 태평양을 횡단하여 북아메리카와 대서양으로 운반되고 있는 영상

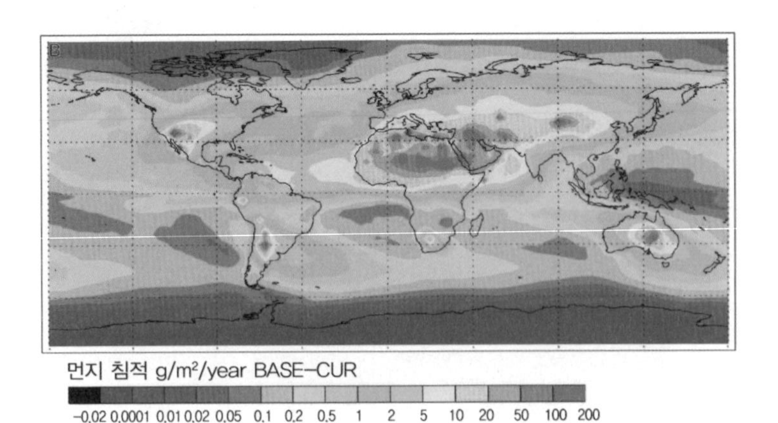

모델로 계산된 최종빙기 동안 먼지 침적 ($g/m^2/year$)

저자 서문

인간이 살아가는 데 반드시 필요한 의식주 문제를 제외한다면 인간 생활에서 자연환경과 생활 결과로 야기되는 환경문제보다 우선하는 것은 없다고 해도 과언이 아닐 것이다. 다양한 산업, 경제적 활동 등 인간에 의해 야기되는 환경문제는 이미 50년도 전에 다루어지기 시작했다. 1950년경에 발표된 레이첼 카슨의 역작『침묵의 봄(Silent Spring)』은 환경문제의 심각성을 일반 대중에게 인식시켜 '지구의 날'이 제정될 정도로 환경문제에 대해 인간의 관심을 환기시켰다. 그러나 환경문제가 수십 년 전에 제기되었다고 해서 오늘날 해결되었다는 의미는 절대 아니다. 오히려 인간이 만들어낸 각종 유기물질과 생산성을 높이기 위한 농약과 살충제, 미세 플라스틱 등으로 인해 지구 오염은 더욱 심해지고 있을 뿐, 해결의 실마리는 요원하다.

가까운 예로 우리가 먹는 물도 문제다. 생명의 근원이기도 한 물(담수)은 지구상에 제한적으로 존재한다. 해수를 식수로 이용할 수 없는 환경에서 식수용의 담수는 모든 생명체에 가장 중요한 것이다. 그러나 돌이켜 보면 생수를 상업용으로 판매하고 물을 사먹기 시작한 것은 불과 10여 년 전이다. 물론 그 이전에도 오염된 물이 있었지만, 만성적 물 부족 현상과 식수로 사용될 수 있는 물이 점점 부족해지고 있는 실정이다. 아프리카 케냐에서는 식수를 얻기 위해 어린아이가 학교로 가는 대신 며칠에 한 번씩 수 킬로를 걸어가야 하며, 그나마 얻은 물도 오염되어 장티푸스 등 만성적인 질병에 시달리고 있다고 보도되었다. 지구상에 있는 물은 증발과 강수 등을 통해 순환한다. 지하수의 경우도 결국 육상으로 순환하여 올라오는데, 만약 이러한 지하수가 대규모로 오염된다면 어떻게 될까? 상상하기는 정말 싫지만 지구상에 존재하는 모든 생명체에 치명적으로 나쁜 영향을 줄 것이라는 것은 자명한 일이다.

대기의 경우도 마찬가지다. 지구환경이 더 황폐해진다면 우리가 호흡하는 대기(공기)도 더 이상 안전하지 않은, 신체의 건강을 위해하는 물질이 될 수 있다. 최근에는 이 책에서 중심적으로 다루고자 하는 미세먼지 문제, 매년 찾아오는 반갑지 않은 황사문제 등, 물과 함께 인간 생활과 불가분의 관계에 있다고 할 수 있는 대기(공기)의 오염도 심각하다. 그렇다면 우리가 식수를 돈으로 사서 먹는 것처럼, 얼마 되지 않은 시점에는 깨끗한 공기를 사서 호흡해야 할 수도 있지 않겠는가? 우리가 느끼는 것보다 환경악화가 더 빨리 진행된다고 가정한다면 정말 이런 날이 수년 내에 찾아올지도 모르는 일이다.

지구표층에는 다양한 물질이 있고 이 물질은 다양한 경로를 통해 이동된다. 대기를 통해서 한 곳에서 다른 곳으로, 강을 통해서 육지의 물질이 바다로 이동하고, 땅속 물질이 대기로 분출되기도 하면서 멀리 다른 곳까지 이동된다. 이와 같이 물질이동은 대기에서, 육지에서 그리고 바다에서 어느 곳에서나 일어나고 있다. 특히 대기에서는 이 책의 주제가 되는 미세먼지(PM; particulate matter)가 있고, 이 미세먼지는 자연환경과 인간에게 많은 영향을 주고 있다. 시간이 지날수록 그 영향이 인간 생활에 더욱 중요하게 다가오고 있기 때문에 이 문제가 자주 언급되고 있고 더욱이 중요하게 여겨지고 있다.

비교적 최근에 회자되기 시작한 '미세먼지(PM)'는 용어 자체는 최근에 생겼지만, 그동안의 연구 결과에 의하면 수백만 년 전에 지구에 등장한 것으로 나타났다. 그때부터 지금까지 지구상에 유사한 형태로 존재하는 미세먼지는 대부분 자연적으로 생성되었다는 점에서 최근에 일컬어지는 미세먼지, 즉 인간 활동과 관련된 환경에서 직간접적으로 생성되는 미세먼지와는 다르다고 할 수 있다. 최근에 미세먼지가 주목을 받게 된 것은 이 미세먼지가 인간의 건강뿐만 아니라 육상이나 해양생태계, 농업에까지 큰 영향을 미치고 있고 그 정도가 점점 심해지고 있기 때문이다. 미국환경보호청(USEPA)에 의하면 미세먼지 농도는 인간의 건강과 밀접한 관계를 가지고 있으며, 특히 암 발생과 깊은 관계가 있다고 보고하고 있다. 국내에서도 미세먼지의 중요성을 인식하여 다양한 연구가 진행되고 있다. 정부에서는 2016년에 전문가로 구성된 연구기획위원회를 구성하여 미세먼지 문제를 9개의 국가 전략프로젝트 중 하나로 선정하기도 하였다.

이 책은 위와 같은 점을 고려하여 두 개의 부분으로 구성했다. 첫 번째 부분인 본문에서는 최근에 나타나기 시작한 미세먼지의 개념, 자연적으로 발생한 것과 인간의 활동과 직간접적으로 관련되어 발생한 미세먼지의 개념에 대해서 알아보기로 한다. 디젤 자동차나 산업 활동의 결과로 파생되는 2차적 오염물질인 오존, 이산화탄소, 이산화황, 질소화합물 등과 이들의 혼합물들이 모두 이 범주에 속한다. 두 번째 부분인 부록에서는 황사문제를 다루었다. 미세먼지를 기원에 따라 분류하지 않고 크기별로 구분한다면, 첫 번째 부분에 속하는 미세먼지의 영역 속에 무기기원이며 자연기원인 황사기원 미세먼지도 많이 포함되기 때문이다. 또한 대기오염에 국한하여 생각한다면 미세먼지와 더불어 황사문제도 인간 생활에 중요한 영향을 끼치기 때문이다.

당면하는 지구 최대의 환경문제인 기후변화 문제가 각종 사회현상에 영향을 끼쳐 변화를 만드는 것처럼, 미세먼지 문제도 다양한 사회문제에 영향을 주고 있다. 따라서 다양한 분야에서 미세먼지의 영향, 기원, 저감 방안, 건강과의 관련성 등이 다루어지고 있는 실정이다. 이러한 이유로 미세먼지에 대해 다루어야 할 부분이 많지만 이 책에서는 일반적으로 중요하게 다루어지는 몇몇 부분에 대해서만 한정해서 다루었다. 또한 미세먼지에 대한 연구가 초보단계에 있다는 점을 감안하여 가급적 어렵지 않게 설명하려고 노력했다. 미세먼지를 공부하거나 환경문제에 관심을 가진 학자 외에도 미세먼지에 익숙하지 않은 독자들도 쉽게 다가갈 수 있으리라 생각한다.

비전문가의 입장에서 원고를 준비하는 데 많은 어려움이 있었음을 실토한다. 원고 정리에 도움을 준 한국해양과학기술원(KIOST) 도서관의 동료와 씨아이알 출판부에도 감사의 말씀을 전한다. 마지막으로 기후변화 연구와 관련된 기관의 연구사업과 KIODP 연구과제에서도 일부 도움을 받아 이 책이 완성되었음을 밝힌다.

목 차

CHAPTER 03 대기, 육상 및 해양퇴적물 중 미세먼지와 대기 순환

CHAPTER 04 미세먼지 농도의 국내외 경향과 환경영향

부 록

CHAPTER 01

미세먼지란 무엇인가

01 미세먼지란 무엇인가

1. 미세먼지의 정의

최근에 우리들은 매스컴이나 일상적 대화 중에 미세먼지란 단어를 자주 사용한다. 이 미세먼지가 우리들의 대화 중에 자주 등장하게 된 것은 그리 오래되지 않았다. 1993년 미국환경보호청(USEPA)에서 미세먼지가 정의된 이후 미세먼지가 일상적 대화 속에 자주 등장하게 되었다. 미세먼지의 개념이 정해진 이후에도 시간이 지나감에 따라 원래 정해놓았던 개념도 약간의 수정과 세분화하는 과정을 거치고 있다. 처음에 등장했던 미세먼지의 개념은 공기 중에 부유되어 있으며 지름이 10μm 이하인 눈에 보이지 않은 고체형, 액체형, 기체형의 물질들을 총칭해서 미세먼지로 정의하고 있다(http://www.greenfacts.org). 우리가 일반적으로 공중파에서 사용하거나 일상생활에서 이야기할 때의 미세먼지(PM; particulate matter)는 이러한 본래의 개념을 포함하고 있으며 직접적으로 인간의 건강에 나쁜 영향을 미친다는 선입관을 가지고 있다. 그러나 미세먼지에는 크기가 다양하고 여러 형태의 물질이 포함될 수 있다.

예를 들어, 우리가 일상적으로 이야기하는 먼지(dust), 황사(aeolian dust), 봄철에 자주 발생하는 화분(pollen), 매연, 유연(soot), 스모그(smog), 액체의 작은 물방울(liquid droplets) 등이 모두 미세먼지에 포함된다(그림 1-1).

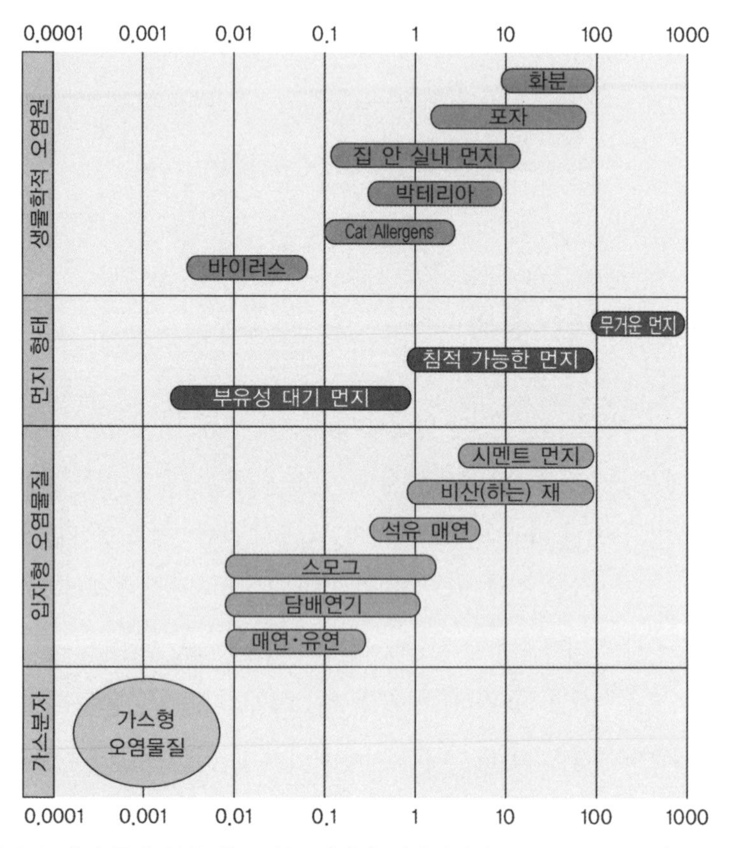

그림 1-1 대기 중에 부유하는 각종 먼지나 미세먼지의 종류.
상하축의 숫자는 크기를 나타낸다(μm). 종축은 미세먼지의 종류를 형태와 기원별로 구분한 것이다(자료 : Wikipedia, 2016).

미세먼지는 이와 같이 크기도 다 다를 수 있고, 구성성분도 다를 수 있다. 먼저 크기를 기준으로 미세먼지와 관련된 몇 개의 단어들에 대한 정의를 살펴보면, 입자의 크기에 따라 50μm 이하의 먼지 전부를 총 부유먼지(TSP; total suspended particles)로 부르고 있다. 이보다 작은 입자를 미세먼지(PM; particulate matter)로 부르고 있는데, 이를 다시 세분하여 직경이 10μm보다 작은 미세먼지를 PM_{10}, 직경(지름)이 2.5μm 이하인 것을 $PM_{2.5}$로 정의하고 있다. 우리나라에서는 직경이 10μm보다 작은 PM_{10}을 총칭해서 미세먼지로 부르고 있으며, 다시 직경이 2.5μm보다 작은 경우를 초미세먼지로 부르고 있다.

이렇게 PM_{10}과 $PM_{2.5}$는 크기에 의해 명확히 개념이 정의되어 있다. 그러나 미세먼지가 어떻게 만들어지고 어떻게 이동되는지, 주변 환경과는 어떤 관계가 있는지 등등을 폭넓게 이해하기 위해서는 관련된 용어를 이해할 필요가 있다. 미세먼지와 관련된 전문용어는 이 절의 마지막 부분에 따로 정리하여 간략하게 소개하기로 한다.

대기 중에 부유하는 먼지는 종류가 다양하며 그 기원에 따라 다양한 크기를 가진다. 가장 크게는 무거운 먼지로 이는 크기가 약 1000μm(1mm)로부터 작게는 무거운 먼지보다 약 10만 배나 작은 크기의 가스 상태의 물질(오염물질)이 있다. 바이러스는 0.01μm 내외의 크기를 보이고 있으며 박테리아는 1μm 내외의 크기를 가진다. 이렇듯 다양한 크기를 가지는 미세먼지는 그 상태에 따라 가스분자 상태(gas molecules), 입자상 오염물질(particulate contaminants), 먼지 형태(dust), 생물학적 오염물질(biological contaminants)로 구분할 수 있다(그림 1-1). 이 중에서 특히 중요한 것은 대기 중에 노출된 입자상 물질들인데 이들 물질들은 대기 중 부유물질(SPM; suspended particulate matter)로 정의되며 호흡을 통해 인체에 쉽게 흡수될 수 있는 직경이 10μm 이하인 것을 말하며 이를 통틀어서 PM_{10}이라고 정의한다. 입자의 직경이 10~2.5μm 사이의 입자들을 조립질 물질(coarse fraction), 직경이 2.5μm 이하인 것을 미세입자(fine particle), 직경이 0.1μm 이하인 것을 초미세입자(untrafine particle)로 명명하고 있기도 하다(그림 1-2). 일반적으로 미세먼지의 환경영향이나 인간에 대한 위해성을 논의할 때는 직경이 10~2.5μm에 해당하는 조립물질이나 직경이 2.5μm 이하인 초미세먼지($PM_{2.5}$) 등이 자주 사용되고 있다.

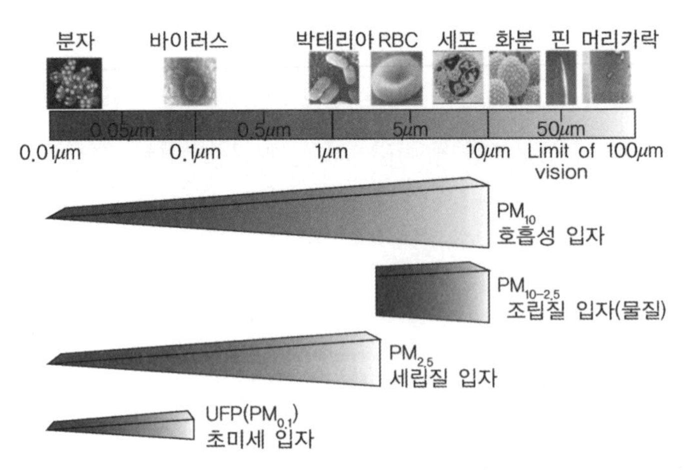

그림 1-2 미세먼지 크기비교 및 조립질 미세먼지(Brook et al., 2004)

이해를 돕기 위해 설명을 덧붙인다면, 이들 미세먼지들을 사람의 머리카락과 비교한 그림 1-3은 이해하는 데 도움을 준다. 즉, 미세먼지의 크기(지름)를 사람의 머리카락에 비교한다면, 일반적인 사람의 머리카락 직경이 약 50~70μm이므로 PM_{10}은 머리카락의 굵기의 약 1/5~1/7 정도이며, $PM_{2.5}$

는 약 1/20~1/30 정도에 해당한다. 해변에서 쉽게 볼 수 있는 잔모래(fine sand)는 직경이 약 100μm 내외이므로 미세먼지의 크기는 이 모래의 약 1/10 수준이다. 따라서 미세먼지의 개념에서 가장 중요한 것은 미세먼지의 크기이며, 이 크기에 따라 화학적 조성이나 기원, 운반기작 등이 달라진다고 할 수 있다.

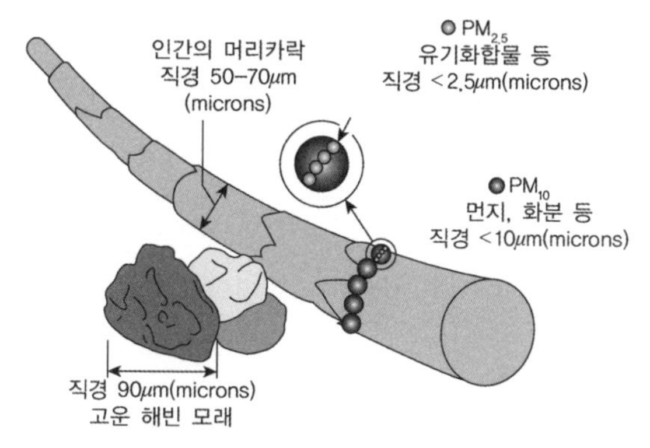

그림 1-3 미세먼지의 크기 비교(자료 : USEPA)

그러나 지금까지 개념적으로 설명한 미세먼지는 진정한 의미에서 최근에 일반적으로 불리는 미세먼지와는 약간 다르게 정의되고 있는 것도 사실이다. 입자의 크기를 기준으로 해서 미세먼지를 정의할 때 미세먼지에 포함되는 고체형 물질, 예를 들어 황사의 미세입자 등은 그 기원이나 환경에 미치는 영향을 중심으로 고려했을 때 최근에 회자되는 미세먼지(PM)의 개념에 포함되지 않는다. 즉, 최근에 회자되는 PM_{10}, $PM_{2.5}$ 등으로 표현되는 미세먼지는 주로 연소나 자동차 배기 등에 의해 방출되는 인체에 매우 유해한 화학적 조성을 가지는 물질로 대기 중에 노출되어 인간의 호흡기 등으로 유입될 수 있는 것을 의미한다. 이들은 호흡기나 심혈관계 질환과 관련이 있는 것으로 알려지고 있으며, 폐와 혈관으로 쉽게 유입될 수 있으며 심한 경우 사망에 이르게 하는 중요한 원인이 되는 것으로 보고되고 있다. 또한 이렇게 환경과 건강에 치명적 영향을 주는 미세먼지는 2013년에 세계보건기구(WHO) 산하 국제암연구소(IARC; International Agency for Research on Cancer)에서 미세먼지를 1급 발암물질로 지정하는 등 미세먼지의 위험성을 경고하고 있다.

인간 활동, 산업 활동의 결과로 1차적으로 발생하는 미세먼지와는 달리 대기 중에서 2차적으로 생성되는 미세먼지도 있다. 위에서 언급한 황사 중의 미세먼지는 그 기원을 고려했을 때 인간의 활동과 직접적으로 관련되어 생성되는 미세먼지와는 발생 경로를 달리하고 있기 때문에 엄밀한 의미에서 우리가 통상적으로 이야기하는 미세먼지와 개념적으로 차이가 있다는 것이다.

이 책에서는 이와 같이 인체에 매우 유해하고 인간의 활동에 의해 대기 중으로 배출되는 질소화합물과 같은 유해물질을 미세먼지로 정의하기로 하고, 이에 대해서만 본문에서 다루기로 한다. 대기 중에 노출되는 자연발생적 무기입자(예를 들어 황사의 미세입자)도 미세먼지의 영역에 일부분 포함되고 있지만 이 부분에 대해서는 이 책의 부록(황사 편)에서 따로 다루기로 한다.

미세먼지와는 다른 개념이지만 미세먼지를 효과적으로 설명하고 이해하기 위해서는 관련된 몇 개의 전문용어에 대한 개념정리가 필요할 듯하다. 이 책의 제목이기도 한 미세먼지를 포함하여 관련 전문용어를 다음과 같이 간략하게 요약한다.

1) 먼지(dust)

보통 대기 중에 떠 있는 입자로 구성되며 먼지로 정의된다. 다양한 기원과 크기를 가진다. 토양에서 기원했거나 풍성기원 먼지, 화산활동의 결과로 생긴 부유물질 및 대기 중 오염물질도 먼지로 구분될 수 있다. 인간의 생활환경에서 발생되는 머리카락, 화분 등 수많은 종이 여기에 포함될 수 있다. 미세먼지와 관련해서는 50μm 이하의 물질을 총 먼지(TSP; total suspended particles)로 부르고 있다.

2) 미세먼지(particulate matter)

직경 10μm 이하의 부유물질을 총칭해서 정의된다. 미세먼지 중에는 대륙지각에서 기원된 고체형 입자가 많이 포함되는 경우도 있어, 총칭해서 미세먼지(PM_{10})로 표현하지만 그 기원에서는 전혀 다른 경로를 가진다. 미세먼지의 성인, 성분 및 이동 등에 관해서 본문 중에 상세히 기술하고 있다.

3) 초미세먼지(ultrafine particulate matter)

미세먼지 중에 직경 2.5μm 이하의 부유물질을 초미세먼지로 정의한다. $PM_{2.5}$로 표기하며 그 기원은 주로 인간의 산업 활동, 생활환경과 관련되어 다양한 유, 무기 화합물들을 총칭해서 일컫는다. 초미세먼지는 자연환경에서 화학반응에 의해 생성되기도 한다. 오히려 인간에게 해로운 정도로 판단한다면 PM_{10}보다 중요하다고 여겨지고 있다.

4) 황사(aeolian, eolian dust)

황사라는 단어는 미세먼지 개념과는 다르지만 크기에서는 미세먼지보다 일반적으로 크지만, 미세먼지 크기의 황사입자도 경우에 따라서는 수십 % 에 달한다. 황사는 이 책의 부록 편에 잘 정리되었기 때문에 여기에선 미세먼지나 황사와의 관계를 보여주는 그림으로 설명을 대신한다(그림 1-4).

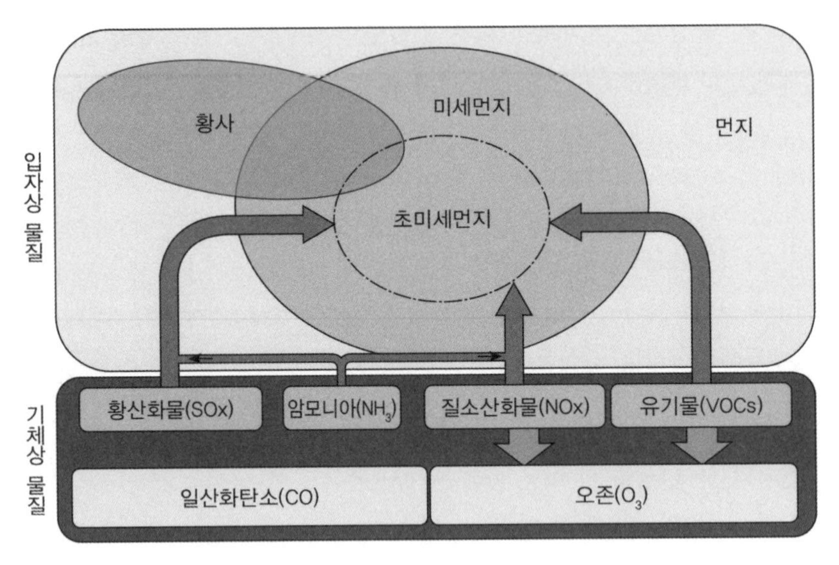

그림 1-4 입자상 물질, 기체상 물질 및 미세먼지, 황사와의 관계 (미래창조과학부 보도자료)

5) 에어로졸(aerosol)

에어로졸은 가스물질에서 고체나 액체 상태의 입자들에 대한 콜로이드 시스템(colloid system)으로 정의된다. 콜로이드는 보통의 분자나 이온보다 크기가 크고 지름이 1~1000nm 정도의 미립자가 기체나 액체 중에 분산된 상태를 콜로이드 상태라고 하고 콜로이드 상태로 되어 있는 전체를 콜로이드로 정의하고 있기 때문에 에어로졸은 개념적으로 황사나 미세먼지보다도 포괄적이라 할 수 있다.

에어로졸은 입자와 공기 중에 부유하는 가스를 포함한다. 에어로졸이라는 용어는 1차 세계대전 당시에는 공기 중에 마이크로 입자의 구름이라는 의미로 aero-solution으로 불리기도 하였고 나중에는 유사하게 hydrosol로 불리기도 하였다. 1차 에어로졸(primary aerosol)은 가스 상태에서 유입된 입자를 의미하며, 2차 에어로졸(secondary aerosol)은 가스에서 입자로 전환되는 형태를 가진다. 어떻게 에어로졸이 형성되었는가 하는 물리적 형태에 따라 다양한 타입의 에어로졸이 있다. 에어로졸은 또한 자연기원과 인위기원으로 나눌 수 있다. 자연기원은 안개나 삼림에서 배출되는 삼출물(exudate), 간헐천에서 분출되는 스팀 등이 여기에 속하고, 인위기원은 먼지, 입자성 대기오염물질, 매연 등이 여기에 속한다. 액체나 고체입자인 에어로졸은 보통 직경이 1μm보다 작으며, 이보다 큰 경우에는 침강하는 속도가 빨라서 부유되기도 하지만 그 경계는 명확하지 않다(네이버 및 위키피디아 참조).

6) 먼지폭풍(dust storm)과 모래폭풍(sand storm)

먼지폭풍은 건조지역이나 반건조지역에서 흔하게 일어나는 기상학적인 현상이다. 먼지폭풍은 주로 돌풍이나 강한 바람에 의해 일어나며 표층에 있는 모래를 다른 지역으로 이동시킨다. 세립질 입자는 주로 도약이나 부유로 인해 이동시키며 다른 지역에 퇴적시킨다. 북아메리카나 아라비아 반도는 육상기원 모래, 먼지의 주요 기원지이다. 이란이나 파키스탄으로부터 아리비아해로 먼지를 이동시키고, 중국 내의 강한 먼지폭풍은 태평양으로 먼지를 이동시킨다.

유사하게 모래폭풍은 주로 사막에서 일어나는 폭풍을 의미한다. 이런 의미에서 먼지폭풍과는 구별된다. 특히 모래폭풍은 사하라(Sahara) 사막이나 모래가 토양이나 암석보다 우세한 지역에서 상당량의 세립질 모래 입자가 표층으로 불려온다. 이에 반해 모래폭풍은 세립질 입자가 먼 거리를 이동하여 도시지역에 영향을 줄 때 주로 사용된다(위키피디아 참조).

2. 미세먼지의 구성성분

그림 1-1, 1-2에서 보이는 것처럼 먼지나 미세먼지는 다양한 크기와 다양한 종류로 구성된다. 가장 크게는 무거운 먼지(heavy dust)나 황사(aeolian dust)와 같은 고체형 물질로 이들은 100μm를 초과하는 크기도 있으며, 작게는 분자크기의 물질이나 가스 상태의 물질로 0.01μm의 크기의 미세먼지도 있다. 이렇게 미세먼지의 크기를 다시 언급하는 것은 미세먼지의 크기가 구성성분과 밀접한 관계가 있기 때문이다.

미세먼지는 다양한 크기와 더불어 다양한 형태로 구성되어 있다. 특히 고체로 된 먼지 형태의 미세먼지 혹은 먼지는 대기 중에서 다양한 크기를 가진다고 할 수 있다. 예를 들어, 황사(aeolian dust)는 고체 형태로 많은 부분이 미세먼지 크기에 해당하기도 하며, 여기서 정의한 미세먼지 크기(10μm)보다 더 큰 크기도 존재한다. 황사의 크기에 대한 연구결과에 따르면 최소 0.2μm에서 100μm까지 황사의 크기가 다양한 만큼 경우에 따라서는 미세먼지 중에 다량의 황사가 포함될 수도 있다(Xie와 Chi, 2016). 미세먼지가 인간의 건강에 큰 영향을 미치기 때문에 미세먼지 농도를 도시별로 공지하고 주위를 환기시키고 있다. 이 경우 실제로 미세먼지의 농도에 황사(입자가 작은 황사 물질)를 포함한 상태로 미세먼지 농도를 공지하는 경우도 많다.

미세먼지에 포함된 것 중에 많은 양을 차지하는 것은 액체상이나 기체 형태로 존재하는 미세먼지이다. 이 존재 형태는 미세먼지가 발생된 지역과 밀접히 관계되는데 발생지역, 계절 또는 기상조건 등에 따라 달라진다. 일반적으로 대기오염물질이 공기 중에서 반응하여 형성된 덩어리(황산염, 질산염 등)나 화석연료가 연소되는 과정에서 발생되는 화합물 등이 이 형태에 해당한다(그림 1-5). 미세먼지의 구성성분을 조사한 결과에 의하면 황산염과 질산염 등이 약 60% 이상을 차지하고 있으므로 액체나 기체 형태의 미세먼지의 중요성을 알 수 있다. 다음 장에서 미세먼지의 유해성이나 인간 건강과 관련해서 구체적으로 언급하겠지만, 이들 액체나 기체 형태의 미세먼지는 도시에서의 인간 생활이나 주거 환경 등과 관련해서 주요하게 다루어져야 할 부분이다. 이들 액상의 미세먼지는 대기 중에 머물러 있다가 호흡기 등을 거쳐 폐 등에 침투하거나 혈관을 통해 체내로 이동하여 결국 건강에 나쁜 영향을 미치는 것으로 알려졌다(Jennifer, 2014).

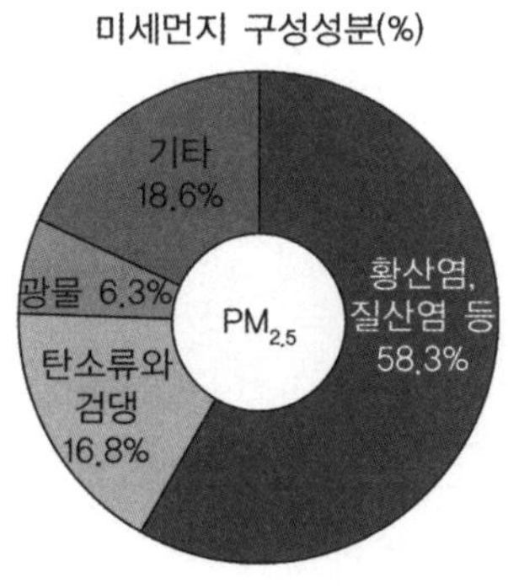

그림 1-5 대기 중 미세먼지의 구성성분(환경부, 2016)

이와 같이 미세먼지는 다양한 구성성분으로 이루어진다. 그림 1-5에 나타낸 것과 같이 주요 구성성분인 황산염, 질산염 등은 2장에서 좀 더 구체적으로 다루겠지만, 잘 알려지지 않은 다양한 종류의 무기입자 혹은 원소로 구성되어 있음을 알 수 있다. 환경부가 제공한 미세먼지의 구성성분에는 광물입자가 약 6.3% 정도로 나와 있지만, $PM_{2.5}$에 대한 분석기술이 발달로 최근에는 $PM_{2.5}$의 경우에도 그 속에 포함된 다양한 구성성분을 파악하게 되었다. 다음의 표 1-1에서는 $PM_{2.5}$에 대한 분석결과 다양한 광물질이 포함되고 있으며, 그 농도 또한 지역에 따라 크게 다르다는 것을 알 수 있다. 또한 제주지역에서 $PM_{2.5}$를 분석한 결과는 위의 광물질(무기물질) 이외에 미세먼지에 다양한 종류의 이온성 물질이 포함되어 있음을 알 수 있다(표 1-2).

표 1-1 대기 중에서 포집된 $PM_{2.5}$에 대한 미세먼지의 구성성분, 미국 6개 지역의 예 (Landen et al., 2000)

	보스톤	세인트루이스	킹스턴	매디슨	슈토이벤빌	토피카
	평균±표준편차	평균±표준편차	평균±표준편차	평균±표준편차	평균±표준편차	평균±표준편차
$PM_{2.5}$	16.5±9.2	19.2±10.1	21.1±9.3	11.3±7.5	30.5±22.4	12.2±7.1
규소	114.2±107.8	195.9±256.9	203.4±188.4	109.1±155.7	283.3±360.4	202.4±281.2
알루미늄	65.5±88.7	161.2±211.7	152.5±150.2	70.5±127.0	186.8±238.0	130.1±205.2
칼슘	33.9±31.6	78.8±54.6	98.7±142.3	35.2±33.7	101.7±155.3	134.0±200.0
철	62.2±53.5	143.7±132.7	116.9±89.1	44.1±45.7	542.4±738.3	72.0±88.2
망간	3.7±2.8	19.2±27.3	8.8±21.8	3.2±3.1	30.4±41.5	4.7±3.5
포타슘	75.6±56.5	118.0±87.2	109.4±71.8	59.6±36.4	344.4±411.1	84.5±99.0
납	240.3±212.1	212.7±223.9	108.7±95.6	33.3±33.7	184.5±195.3	71.5±104.9
브로민	58.7±66.5	39.8±59.3	21.5±22.4	6.1±5.7	30.2±31.4	18.2±32.1
구리	11.0±14.5	29.7±46.6	12.7±16.4	6.4±8.3	11.9±10.7	6.7±9.7
아연	24.8±18.7	57.0±62.6	33.8±54.1	15.9±13.2	138.4±214.6	13.8±15.5
황	1921.6±1,391.3	2350.3±1,583.4	2555.9±1491.4	1481.5±1327.2	4,248.4±3,185.3	1,368.3±1,168.9
셀레늄	0.7±0.9	2.2±1.9	1.9±1.5	0.9±0.8	5.2±4.2	0.8±0.7
바나듐	23.2±19.8	2.0±4.4	1.4±3.3	0.1±2.9	10.5±20.4	0.6±2.8
니켈	8.8±7.2	2.2±4.8	1.0±1.1	0.5±0.7	3.7±4.7	0.6±1.0
염소	49.3±148.6	20.5±98.1	6.7±15.8	9.1±101.3	58.7±263.0	10.6±49.5

표 1-2 제주지역 미세먼지 $PM_{2.5}$에 대한 분석결과(이기호와 허철구, 2017)

파라미터/종	단위	여름		겨울	
		평균	표준편차	평균	표준편차
시료수		15		29	
$PM_{2.5}$ 질량	$\mu g/m^3$	18.68	6.22	18.89	7.75
Na^+	$\mu g/m^3$	0.17	0.15	0.22	0.10
NH_4^+	$\mu g/m^3$	1.3	0.70	2.03	1.33
K^+	$\mu g/m^3$	0.10	0.11	0.16	0.10
Mg^{2+}	$\mu g/m^3$	0.03	0.01	0.03	0.02
Ca^{2+}	$\mu g/m^3$	0.07	0.06	0.12	0.08
Cl^-	$\mu g/m^3$	0.04	0.03	0.07	0.08
NO_3^-	$\mu g/m^3$	0.05	0.03	1.61	1.68
SO_4^{2-}	$\mu g/m^3$	5.08	2.80	4.80	2.79
합계	$\mu g/m^3$	6.84	3.61	9.06	5.51
nss-SO_4^{2-}	$\mu g/m^3$	5.04	2.79	4.75	2.78
[$NH4^+$]/[nss-SO_4^{2-}]	Equiv. ratio	0.71	0.11	1.13	0.21
Chloride depletion	%	82.10	16.24	81.6	16.1
SIA	$\mu g/m^3$	6.39	3.47	8.39	5.34
SOR	–	0.21	0.14	0.31	5.34
NOR	–	0.00	0.00	0.05	25.87
SO_2	$\mu g/m^3$	13.33	4.79	6.93	3.26
NO_2	$\mu g/m^3$	23.83	8.45	24.34	9.70
Temp.	℃	24.95	2.76	5.4	1.99
RH	%	76.59	5.91	64.7	5.08

3. 미세먼지 연구의 중요성

앞에서 언급한 것처럼 미세먼지는 다양한 크기를 가지고 있으며, 발생원이 다르고 환경과 인간의 건강에 큰 영향을 미친다고 할 수 있다. 1993년 미국환경보호청(USEPA)에 의해 PM_{10}의 개념이 정리되었고, 얼마 지나지 않아 다시 이를 PM_{10}과 $PM_{2.5}$로 세분하여 구분하게 되었다. 이 시점에서 미세먼지는 오염원으로서 그 중요성이 인정되어 중요하게 다루어지게 되었다. 이 당시에는 1900종 이상의 PM_{10} 기원 중에 1200종 이상이 PM_{10}으로 간주되었다. 이와 같이 미세먼지는 환경, 특히 대기환경이나 인간의 건강과 밀접히 관계되고 있기 때문에 과학적 연구대상으로서 중요한 위치를 점하게 되었다. 수만 종의 과학적 학술지 중에서 미세먼지나 대기오염을 다루는 전문적 학술지가 많이 등장하게 되었고 미세먼지와 오염에 대해 연구결과를 발표하고 있는 학술지가 계속해서 증가하고 있다. 또한 각국의 정부 부처에서는 미세먼지와 오염의 중요성을 감안하여 미세먼지를 집중적으로 관리하고 있는 실정이다. 미세먼지에 대한 중요 연구결과나 미세먼지의 중요성을 다루는 대표적 정부기관으로서는 미국 USEPA(Environmental Protection Agency)가 대표적이라 할 수 있으며, 그 외 유럽연합, 일본, 러시아, 중국, 우리나라 등 대부분의 나라에서 대기오염으로서의 미세먼지를 모니터링하고 관리하고 있는 실정이다.

우리나라의 경우는 2016년에 전문가 그룹의 연구기획위원회를 구성하여 9대 국가전략 프로젝트에 미세먼지를 선정하기도 하였다. 위원회에서 미세먼지를 9대 국가전략 프로젝트의 하나로 선정한 것을 두 가지 이유에서이다. 한 가지는 미세먼지 문제를 지금까지 언급한 것과 같이 중요한 환경요인으로 간주하고 체계적인 관리를 하기 위해서이다. 여기에는 미세먼지 발생을 초래하는 각종 에너지원까지를 효과적으로 관리하고 쾌적한 환경을 만드는 데 그 목적이 있다고 할 수 있다. 또 한 가지 측면은 미세먼지 문제를 환경요인이 아닌 환경산업으로 개척하기 위한 것이다. 즉, 미세먼지 배출을 억제하거나 미세먼지와 관련된 각종 기술개발, 미세먼지 집진 기술 등 신산업의 중요한 축으로 간주하여 국가의 성장동력을 확보하려는 의도에서이다.

미세먼지와 관련해서 또 한 가지 중요한 면은 산업화가 진행되면서 인위적으로 발생되는 미세먼지의 농도가 점차 증가한다는 사실이다. 역사적으로 또는 지질학적으로도 고체형의 미세먼지(황사먼지나 에어로졸)는 대륙의 건조 정도나 장·단기의 기후변화와 밀접히 관계되어 대기 중에 부유하고 먼 거리로 이동되고 최종적으로 퇴적물 중으로 퇴적된 기록을 볼 수 있다. 하지만 이와는 별개로 산업화의 진행으로 발생되는 액체상, 고체상 미세먼지 입자(질산염, 황산염 등)의 농도는 도시화가 진행됨에 따라 농도가 더 높아지며 그에 따라 환경과 인간의 건강에 치명적 영향을 줄 수 있기 때문에 그 중요성이 있는 것이다. 물론 새롭게 개발된 미세먼지 관련 산업화 기술을 외국에 수출하여 간접적으로 국부창출의 기회로 삼는 것을 포함하고 있다.

이처럼 미세먼지는 다양한 종류와 다양한 크기를 가지고 있을 뿐만 아니라 미세먼지를 매개로 다양한 여건이 나타날 수 있으므로 환경 및 인간의 생활에 큰 영향을 주고 있다. 따라서 최근에야 대기 중에 존재하는 미세먼지의 평균 농도(concentration; $\mu g/m^3$)를 수시로 공시하여 생활환경 및 인간의 건강 유지를 위해 정부기관이 노력하고 있다. 그림 1-6에는 환경부에서 한반도의 대기 중에 미세먼지 지역별 농도와 구성성분을 보여주고 있다.

그림에서 보는 바와 같이 미세먼지 농도는 지역 간 큰 차이가 없는 것으로 나타났다. 특히, 황산염, 질산염과 같은 인위기원의 미세먼지 구성요소는 수도권과 백령도 간에 큰 차이가 없다. 즉, 이들은 발생 후 이동이 비교적 빠르게 진행되어 지역 간 차이가 크지 않은 것으로 해석된다.

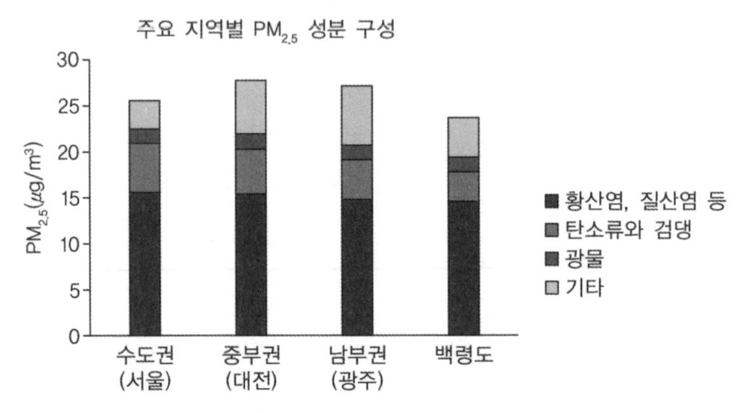

그림 1-6 한반도 대기 중 미세먼지 $PM_{2.5}$의 농도(환경부, 2016)

CHAPTER 02

대기 중 주요 미세먼지와 대기질

02 대기 중 주요 미세먼지와 대기질

1장에서 미세먼지의 정의, 주요 성분과 크기 및 그 중요성에 대해 개략적으로 언급했다. 이들 각종 미세먼지는 부유되는 과정을 거치다가 입자가 커지면 결국 지상에 도달하게 되고 지상에 퇴적되기 전에는 대부분 공기 중에 부유, 재부유하면서 대기질이나 인간의 건강에 나쁜 영향을 끼친다. 이 장에서는 인간의 건강에 영향을 미치는 오염원으로서 대기에 존재하는 미세먼지의 주요 종류와 영향 등에 대해 좀 더 구체적으로 살펴보기로 한다.

세계보건기구(WHO; World Health Organization)에서 1987년 처음으로 『유럽 지역 대기질 가이드라인(Air quality guidelines for Europe)』이라는 보고서를 출간한 후로 대기오염이 환경에 미친 영향 등에 관한 과학적 식견이 급속히 증가하게 되었다. 이렇게 급속히 증가하는 대기오염에 관한 식견을 바탕으로 1990년에는 2차 보고서가 출간되었고, 여기에 37종의 오염물질에 대해서 잘 요약했다. 2차 보고서가 출간된 이후로 과학자나 정책결정자들에게는 과학적 연구와 문헌에 기초한 대기오염에 대한 지식이 비약적으로 증가하게 되었다. 그 결과 2002년부터 2004년까지는 WHO의 지역사무실에서 "유럽에서 대기오염의 건강 측면에 대한 체계적 연구(Systematic review of health aspects of air pollution in Europe)"를 수행하게 되었고, 유럽연합 지역에서 건강한 대기질을 위한 세 가지 구성성분, 즉 미세먼지(PM), 오존, 이산화질소에 대한 대기질 가이드라인을 개정해서 발표했다. 대기질에 대한 연구가 거듭되면서 WHO에서는 2005년에 워킹그룹회의를 독일 본(Bonn)에서 개최했고, 보다 진전된 대기질 가이드라인을 발표했는데, 여기에서는 대기질을 평가하는 데 4가지 오염물질(PM, 오존, 이산화질소, 이산화황)을 제시하였다. 이 장에서는 이들 4가지 대기오염물질이 미세먼지의 주요한 구성성분이면서 대기질에 큰 영향을 미치는 것으로 판명되고 있기 때문에 이들 4종의 미세먼지를 구성하는 물질에 대해 구체적으로 살펴보기로 한다. 이 장에서 다루는 대부분의 기술은 이미 언급한 보고서인 『대기질 가이드라인(AQG, 2005)』에 수록된 내용을 번역, 편집했으며 그 외 몇 가지 추가적인 자료를 참고하여 기술되었음을 밝힌다.

1. 대기질을 결정하는 미세먼지

2005년에 개정해서 보고된 대기질 가이드라인에서는 인간의 건강에 영향을 주는 4가지 오염물질을 미세먼지(PM), 오존, 이산화질소, 이산화황으로 정의하고 있다. 여기서는 이들 4가지 미세먼지의 구성요소인 대기질 오염물질 각각에 대해 구체적으로 알아보기로 한다.

1.1 미세먼지(PM; particulate matter)

미세먼지 입자의 특성

도시나 농촌 환경에서 볼 수 있는 미세먼지는 다양한 물리·화학적 성분을 가지는 복잡한 혼합물이다. 미세먼지 자체에 대한 연구나 미세먼지에 노출되어 초래될 수 있는 위험에 관한 연구결과로 밝혀진 결과는 이 미세먼지가 가지는 이종(이질성분)이 매우 복잡할 뿐만 아니라 미세먼지의 크기나 물리적 특성, 화학적 조성 혹은 기원과 관련해서 인간에게 매우 위해하다는 것이다. 미세먼지의 다양한 특성은 여러 가지 형태로 인간의 건강에 관여될 수 있는 것으로 나타났다. 지금까지 연구결과 공기 중에 노출된 미세먼지는 주로 1차적으로 형성되거나 2차적으로 형성되어 대기 중에서 물리·화학적 변질을 겪는다는 것을 밝혀냈다(오염원으로서 미세먼지가 1차적으로 형성되거나, 2차적으로 형성되는 미세먼지에 관해서는 이 장의 말미에 따로 설명한다). 그렇지만 일반적으로 미세먼지는 공기역학적 특성에 의해 분류되는데 그 이유는 미세먼지의 특성이 대기와 침적되는 장소에서 운반되고 제거되는 과정을 통해 결정되고, 인간의 호흡기 내에서 제거되는 경로를 가지기 때문이다. 보통 공기역학적 직경은 입자의 크기를 가리킨다. 즉, 공기역학적 직경은 관심의 대상이 되는 입자의 단위밀도구(unit-density sphere)의 크기에 상응하며, 입자들 간에 나타나는 공기역학적 특성은 미세먼지 입자를 채집하는 기술에 활용된다.

이와 같이 최근에는 미세먼지(PM)를 공기역학적 크기에 의해 분류해왔는데, 입자의 크기는 결국 호흡기 내에서 일어날 수 있는 모든 장소에 정착되는 결정적 역할을 하며 특별한 크기 그룹에서 위해성을 야기하는 증거가 된다. 초기에 미세먼지 규제나 가이드라인은 일반적으로 PM의 농도로 결정되었는데, 이 PM의 농도는 미국에서의 총 부유물질(TSP; total suspended particulate)이나, 유럽에서의 블랙스모크(black smoke) 등이 여기에 포함된다. 1987년 미국환경보호청(USEPA)은 공기역학적 직경이 10μm 이하인 것을 PM_{10}으로 공표했고, 1997년에는 직경이 2.5μm 이하인 것을 $PM_{2.5}$로 공표했다. 2000년에 WHO에서는 대기질 가이드라인에서 이들 미세먼지(PM)에 대한 지침을 정했는데 PM_{10}과 $PM_{2.5}$ 사이의 크기에 해당하며 호흡기와 관련되는 미세먼지를 조립질 덩어리(coarse mass)인 미세먼지로 정의했다(PM_{10}과 $PM_{2.5}$ 사이의 미세먼지는 이 coarse mass PM으로 간주된다) (그림 1-2).

도시환경에서 미세먼지(PM)는 입자 크기에 따라 네 개의 주요한 크기군으로 구분된다. 대기역학 지름이 10μm 정도인 호흡성 입자(thoracic particle; PM_{10})와, 이 10μm보다 작고 2.5μm보다 큰 조립질 입자(coarse particles), 대기역학 지름이 2.5μm보다 작은 세립질 입자(fine particles) ($PM_{2.5}$), 그리고 0.1μm보다 작은 초세립질 입자(ultrafine particles)로 구분된다는 것은 이미 1장에서 기술한 바와 같다(그림 1-2). 이들 입자군들은 전체 대기 중의 입자 질량의 기여도에 차이가 있으며 기원이나 물리적 특성 및 화학적 조성에 많은 차이를 보인다.

조립질 입자들과 같이 입자의 크기가 큰 것은 대부분 크기가 큰 고체 상태의 물질이 기계적으로 파쇄되어 생성된다. 이들 입자를 작은 크기로 파쇄하기 위해서는 일정량의 에너지가 필요한데, 에너지가 커질수록 파쇄되는 입자의 크기는 작아진다. 생물학적 기원의 미세먼지 입자는 형태가 쉽게 결정된다. 그러므로 도시지역에서 조립질 입자는 전형적으로 도로에 있는 먼지의 재부유나 산업 활동의 결과물이며, 화분입자나 박테리아 등과 같은 생물학적 물질들이 여기에 포함된다. 이들 조립질 입자는 농업활동 과정에서 형성되는 전형적인 지각물질, 토양, 비포장 도로 및 광상활동 결과물들이 포함될 수 있다. 도시의 교통문제는 도로의 먼지를 만들어내고 이들 먼지는 다시 도로로 유입된다. 연안에서 발생하는 바닷가의 물보라도 조립질 입자를 만들고 비연소성 물질의 연소과정에서도 조립질 입자는 만들어진다.

공기역학적으로 지름이 2.5μm 이하인 미세입자(fine particle)는 주로 가스로부터 형성되지만, 연소과정에서도 이 정도 크기의 입자들이 만들어진다. 일반적으로 이들 크기의 입자들은 초미세먼지(ultrafine particle) 입자로부터 기원되는데, 주로 저온의 증기압 상태에 있던 물질이 고온 증기압 환경에서 핵(nuclei)을 형성하거나 농축(condensation)될 때 형성되거나 대기 중에 존재하는 미세한 핵의 화학적 반응에 의해 형성된다. 핵을 만들 수 있는 입자의 크기범위는 응결과정(coagulation : 한 개 이상의 입자가 모여져서 점점 큰 입자로 되는 것)을 거치면서 점점 커지게 되거나, 표면에 존재하는 입자의 수증기 분자나 가스의 농축에 의해 커지게 된다. 응결과정은 가장 효과적으로 많은 수의 입자가 뭉쳐지는 것이며, 이와 달리 농축은 넓은 표면적을 갖기 위해 가장 효과적인 방법이다. 그러므로 응결과정과 농축과정이 얼마나 능률적인가 하는 점은 입자 크기가 커질수록 감소하게 된다. 그리고 감소하는 경향은 입자 크기가 약 1μm가 될 때까지 감소하게 되는데, 여기서 크기 약 1μm는 습한 대기환경에서 입자가 커질 수 있는 상한 한계선이다. 따라서 입자들은 보통 0.1~1μm의 크기로 축적되는 경향이 있는데, 이것을 '축적모드(accumulation mode)'라고 부른다.

일반적으로 크기가 1μm 이하의 입자는 높은 온도의 연소과정에서 증기화된 유기화합물이나 광물입자의 농축에 의해 만들어지며, 낮은 수증기압 물질에 대한 가스의 농축과정에서도 대기 중에서 일어나는 반응으로 생성된다.

주요한 전구가스(precursor gases)는 이산화황(sulfur dioxide), 산화질소(nitrogen oxide), 암모니아 및 휘발성 유기화합물이다. 즉, 이들 가스들이 대기 중에서 농도가 바뀌게 되면 미세먼지 농도에 영향을 미친다. 예를 들어, 이산화황은 대기 중에서 황산(H_2SO_4)으로 산화된다. 이산화질소(NO_2)는 대기 중에서 질산(HNO_3)으로 산화되고, 다시 암모니아(NH_3)와 반응하여 암모니아 질산(NH_4NO_3)으로 전환된다. 이와 같이 대기 중에서 가스의 중간적 반응에 의해 생성된 입자를 2차 입자(secondary particles)라고 부른다. 그러므로 미세입자는 전형적으로 질산, 황산, 암모니아 및 입자성 블랙카본(black-elemental carbon), 그리고 많은 양의 유기화합물과 미량원소(tracer metal)들이 모두 포함된다. 이들 입자들은 산성을 띄는 물방울이나 연무(fog) 등이 포함되어 있기는 하지만, 수소이온(산 : hydrogen ion)을 포함하고 있다. 생물기원 매연(biomass smoke)은 보통 1μm보다 작은데, 0.15~0.4μm의 크기에 가장 많다.

2003년에 유럽에서는 대기에 노출된 미세먼지에 대한 종합적 보고서가 작성되었는데, PM_{10}과 $PM_{2.5}$의 전체 농도에 가장 많은 기여를 하는 것으로는 황산(sulfate)화 유기물이라는 사실이 드러났다. 한편, 광물먼지(mineral dust)나 미량원소는 도로나 도로 옆에서 PM_{10}에 가장 많이 들어 있다. 하루 동안 PM_{10}의 농도가 50μg/m^{3}를 초과하게 되면 질산염(nitrate)이 PM_{10}과 $PM_{2.5}$의 주요 구성물질이 된다. 블랙카본은 $PM_{2.5}$의 5~10% 정도를 차지하며, PM_{10}에는 자연적 배경농도를 포함해서 이보다 약간 작은 양이 들어 있다. 이들은 도로 옆 가장자리에서 15~20%까지 증가한다(AQG, 2005).

일반적으로 PM_{10}에는 총량으로 약 40~90%의 $PM_{2.5}$가 포함되며 나머지는 조립질 미세먼지이다. 캘리포니아에서는 연평균 $PM_{2.5}$의 농도가 15μg/m^3

를 상회하는 것으로 나타났고, 그 외 미국 동부나 남동부의 많은 도시지역에서도 유사한 농도를 보인다. 멕시코시티에서는 24시간 동안 평균 $PM_{2.5}$를 관측한 결과 65㎍/m³를 초과하는 것으로 나타났는데 이 값은 북아메리카에서 가장 높은 값이다. 탄소질 물질은 북아메리카 지역 전체를 통틀어서 미세먼지의 가장 중요한 성분인데, 북아메리카 동부에서는 PM의 약 20~50%를 황산이 차지하는 것에 비해 캘리포니아에서는 질산암모늄이 주요 성분으로 약 25% 이하를 차지한다. 멕시코시티에서 PM의 주요한 구성성분은 유기물, 흑연(black carbon), 황산암모늄이며, 소량의 질산암모늄이 포함된다. 일반적으로 연안지역에서는 내륙지방보다 PM 조성에서 계절적 변화가 심한 것으로 관측되었다. 북아메리카의 경우 최고 농도는 동부에서 여름철에 관측되었고, 서부에서는 가을과 겨울철에 나타났다.

미세먼지 농도의 지역별 차이

북아메리카에서는 과거 수십 년 동안 PM_{10}나 $PM_{2.5}$의 농도변화를 꾸준히 조사했다. 50~100km 지역 범위에서도 $PM_{2.5}$의 연간 평균 농도는 공간적으로 2배 정도 차이가 나는 것으로 나타나기는 했지만, 대부분 50%가 넘는 미국 도시지역에서 3년간에 걸친 평균 농도는 15㎍/m³를 넘는 것으로 나타났다. 24시간 동안 관측된 $PM_{2.5}$ 농도는 캘리포니아의 여러 지역에서 65㎍/m³를 초과하는 지역이 2% 이상으로 나타났고, 이 농도는 남-동 지역에서는 간헐적으로 나타났다. 케나다의 최남부에 위치하는 온타리오(Ontario)와 퀘벡(Quebec) 지역에서는 24시간 동안의 평균 농도가 30㎍/m³ 이상으로 나타났고, 멕시코시티에서는 24시간 평균 농도가 65㎍/m³를 초과하는 경우가 자주 나타났다고 보고되었다(McMurry et al., 2004).

1993~1994년 동계 동안에 북유럽 28개 지역에서 수행된 자료에 따르면 주요 도시에서 약 20$\mu g/m^3$ 정도로 낮은 PM_{10} 농도를 보여주고 있다. 높은 농도는 인구가 밀집되고 교통문제가 높은 암스테르담이나 베를린에서 45~50$\mu g/m^3$ 정도, 부다페스트와 같은 유럽 중앙부에서는 약 57$\mu g/m^3$, 피사(Pisa)와 아테네(Athens)와 같은 남부 유럽에서는 각각 61$\mu g/m^3$, 98$\mu g/m^3$로 높은 농도로 나타났다. 미세먼지를 측정된 지역별로 비교하는 과정은 구체적인 절차와 원칙에 의해 수행되었기 때문에 실험실 간 비교를 가능하게 한다. 그리스(Greece)에서와 같이 큰 산 등으로 인해 도시와 시골이 차단되지 않았다면, 거리상 100km 이상 떨어진 경우라도 한 국가에서 도시와 농촌 간의 농도 차이는 무시할 정도로 작다.

미국이나 유럽 이외의 지역에 대한 정보는 매우 제한적이지만, 아시아 지역의 도시와 같이 광범위하게 연탄(coal) 연소를 사용하는 개발도상국의 여러 도시에서 실외 미세먼지 농도는 매우 높다. 예를 들어, 중국의 일부 도시에서 피부연구의 목적으로 PM_{10}을 측정한 결과 도시지역에서 연평균 농도가 115~275$\mu g/m^3$ 정도이고, 같은 도시의 외각 지역에서는 68~192$\mu g/m^3$ 정도로 나타났고, $PM_{2.5}$의 50~75%가 PM_{10}에 들어간다고 알려졌다. 또한 방콕에서는 24시간 동안의 PM_{10} 평균 농도가 80~100$\mu g/m^3$로 나왔다. 개발도상국의 대도시에서 PM_{10}의 농도에 관한 데이터는 보고서『Health effects of outdoor air pollution in developing countries in Asia(2004)』에 잘 정리되어 있다.

미세먼지의 농도에 대한 자료가 많지는 않지만 북아메리카나 유럽에 비해 세계의 다른 지역의 도시에서는 미세먼지 농도가 높을 것이다. 예를 들어, 라틴아메리카 카리브해 지역의 도시에서는 연평균 미세먼지 PM_{10}의 농도가 30~118$\mu g/m^3$ 정도이다. WHO에서 수행한 실제관측과 모델예측을 통한 미세먼지 위험 평가는 인구 10만 이상인 3200개 이상의 도시에서 수행되었다. 인구에 따라 연평균 $PM_{2.5}$의 범위는 서태평양 A지역의 11.7$\mu g/m^3$에서 서태평양 지역 B의 52.8$\mu g/m^3$의 범위에 있다. PM_{10}의 농도는 미국 A지역의 25.4$\mu g/m^3$에선 남동 아시아 지역 B의 123$\mu g/m^3$의 범위에 있다. WHO가 추측한 도시에서 세계인구의 약 52%가 있는 지역은 도시지역의 연평균 PM_{10}이 50$\mu g/m^3$ 이상으로 나타났고, 27%가 100$\mu g/m^3$를 상회하며, 8%는 150$\mu g/m^3$, 2.5%는 200$\mu g/m^3$를 상회하는 것으로 나타났다.

남동 아시아 지역에서 관측결과, 미세먼지 입자는 화재 등의 대기오염이 발생했을 때 주요한 대기의 오염물질인 것으로 나타났다. 예를 들어, 1994년 2~3개월간 쿠알라룸프(Kuala Lumpur)에서는 PM_{10}의 농도가 409$\mu g/m^3$까지 상승했었고, 싱가포르(Singapore)에서는 36~285$\mu g/m^3$ 정도의 범위였다. 1997년에는 PM_{10}의 농도가 Sarawak와 쿠알라룸프에서 각각 930$\mu g/m^3$, 421$\mu g/m^3$ 정도로 높아진 반면 싱가포르와 남부 타일랜드(Thailand)에서는 다소 낮아졌다. 화재 발생지역과 가까운 인도네시아에서 PM_{10}의 농도는 1800$\mu g/m^3$로 기록되기도 하였다(Kunii et al., 2002) (AQG, 2005)

미세먼지 입자의 기원

미세먼지는 인간의 활동이나 자연적으로 발생하는 다양한 기원을 가진다. 미세먼지의 기원을 파악하기 위해서 공기 중에 존재하는 입자의 화학적 조성에 대한 시공간적 분포형태를 측정하거나, 이 결과를 기상학 정보와 결합하는 방법으로 전체 미세먼지 입자에 대한 각각의 기원을 알 수 있다. Brook et al. (2004) 및 Watson et al. (2002) 등 기존의 몇몇 연구는 미세먼지 농도에 대한 특정기원을 알아내는 방법에 대해 자세히 설명하고 있다.

이들 연구들을 요약하면, 결론적으로 특정한 기원은 지역에 따라 다를 수 있지만, 종합적 분석결과는 개발도상국에서 약 $PM_{2.5}$의 약 2/3 이상이 인간 활동 기원으로 간주할 수 있다. 주요 기원들은 화석연료의 연소(전기 이용, 내부 엔진연소), 생물기원 연소(주택지에서의 연소, 산불 그리고 농업활동으로 인한 연소 등), 그리고 농업활동에 의한 암모니아의 방출이다. 예를 들어, Hildemann 등은 1991년 연구결과 산업용으로 사용하는 보일러, 촉매 컨버터가 있거나 없는 차량의 연소, 디젤트럭, 식용으로 사용하기 위한 요리과정에서도 전체 $PM_{2.5}$의 약 2/3가 인위기원 크기의 미세먼지를 발생시킨다고 했다. 촉매 컨버터가 갖추어지고 가솔린을 사용하는 차량은 컨버터가 없는 차량보다 적은 미세먼지를 발생시키고, 특히 디젤트럭은 촉매 컨버터가 있는 승객용 차량보다 약 100배나 많은 미세먼지를 방출한다. 디젤에 의한 미세먼지는 거의 순수한 탄소로 공기역학적 직경이 0.1μm 크기 정도에 해당하는 초미세 탄소 구형체의 집합된 형태를 가진다.

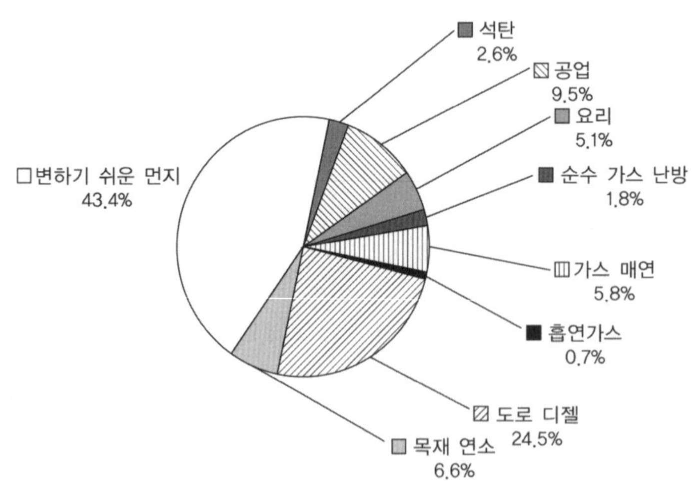

그림 2-1 미세먼지의 구성성분

Vickery et al. (2004)는 북아메리카의 아홉 곳에 대해서 미세먼지 기원을 잘 설명한 바 있다. 또한 Chow et al. (1992)는 캘리포니아의 여섯 곳에서 PM_{10}과 $PM_{2.5}$의 연평균 기원물질의 기여도를 조사한 바 있다. 즉, 2차 황산 암모니움(ammonium sulfate), 2차 질산 암모니움, 자동차 배출가스 등이 $PM_{2.5}$의 주요 공급원이고 전체 미세먼지의 약 50~70%를 차지한다고 했다. 약 40~60%의 세립질 물질은 육상 토양에서 공급원으로 유래된 것이다(건설, 도로, 경작 등에 의한 먼지). 유사한 연구가 브라질의 상파울루(Sao Paolo)에서 Andrade 등(1993)에 의해 행해졌는데, $PM_{2.5}$의 기원으로 오일과 디젤연소 관련이 41%, 재부유된 흙먼지의 28%가 대부분이라고 했다. 또한 토양먼지의 약 59%, 산업배출의 19%가 대부분이 조립질 미세먼지(2.5~15μm)의 구성성분이 된다고 보고했다.

유럽에서는 Querol과 그의 동료(2004)들은 지역적 배경농도와 도로지역에 해당하는 일곱 곳에서 PM_{10}과 $PM_{2.5}$에 대한 기원을 조사했다. 도시지역에서는 탄소기원 에어로졸과 2차 무기물이 $PM_{2.5}$에 대한 주요한 공급원이었고, 이보다 약간 낮게 PM_{10}에 공급원이 되고 있었다. 도로에서는 재부유된 먼지가 $PM_{2.5}$에 기여하고 있었다. Querol과 그의 동료들은 PM_{10}과 $PM_{2.5}$의 농도에 대한 자연적인 기여를 4~8$\mu g/m^3$, 1~2$\mu g/m^3$로 추정했다.

개발도상국에서 미세먼지 공급에 대한 연구는 상대적으로 빈약한 편이다. Begum et al. (2005)은 방글라데시 다카(Dhaka)의 도로에서 PM_{10}의 기원에 대한 평가를 수행했는데, $PM_{2.5}$의 약 50%는 자동차(이륜구동 포함) 기원임을 밝혔다. 4%에 해당하는 미세먼지는 납의 재부유로 판단되었다(수년 전에 납이 들어 있는 가솔린은 제재되기 시작했지만). 토양기원 미세먼지는 조립질 미세먼지($PM_{2.5}$~PM_{10})의 가장 많은 부분을 차지하는 것으로 나타났는데 전체 미세먼지의 약 50～70% 정도에 해당한다. 생물기원에서 유래된 미세먼지도 개발도상국의 대도시에서는 상당량을 차지하고 있었는데, 예를 들어 방글라데시의 라지샤히(Rahjshahi)에서는 $PM_{2.5}$의 12～50%가 생물기원 미세먼지로 나타났다.

세계의 여러 곳의 초목지에서 발생하는 화재는 미세먼지의 주요 공급원으로 판단된다. 대기오염원으로서 미세먼지는 화재가 일어난 곳에서는 확실하게 증가하는 것으로 나타났다(Sapkota et al., 2005). 예를 들어, 캘리포니아 남부에서 화재가 일어났을 때 PM_{10} 농도는 평소의 3～4배에 달하는 것으로 나타난 반면, 이산화질소와 오존의 농도는 변함이 없는데도 미세먼지 입자수와 일산화탄소, 질소화합물의 농도는 2배 정도 높아지는 것을 알 수 있었다. 또한 생물기원 연소로 의해 생기는 미세먼지는 수백 km까지 전달되는데, 많은 양의 가스가 이동되는 도중에 미세먼지로 전환된다. Reinhardt et al. (2001) 등은 1996년 브라질(Brazil)에서 생물기원 연소가 한창 진행될 때 $PM_{2.5}$ 농도는 배경농도보다 5～10배 정도 높았음을 지적했다. 그 외 아마존 분지(Amazon Basin)에서 생물기원 연소와 관련된 미세먼지 입자의 농도에 관한 연구에서는 24시간 동안 관측에서 PM_{10}과 $PM_{2.5}$의 평균 농도는 각각 700$\mu g/m^3$와 400$\mu g/m^3$로 나타났다. 삼림의 발화에 의해서도 다수의 화학종이 오염된다고 알려졌다. 예를 들어 칼륨(potassium), 메톡실페놀(methoxyphenols), 레보글루코산(levoglucosan), 레텐(retene)과 그 외 특정한 수지산(resin acid)들이다. 이들 산림의 화재나 연소로 생기는 미세먼지의 기원에 대해서는 다른 연구자들에 의해 잘 정리되어 있다.

1.2 오존(Ozone)

오존의 기원

전체적으로 오존은 지구의 대기(층)에 낮은 농도로 분포하고 있으며 대략 0.6ppm 정도의 농도를 보인다. 오존은 O_3로 표현되며, Ozone 또는 Trioxygen으로 불리는 자극성이 심한 냄새를 내는 파란색 가스이다. 오존(O_3)과 그 외 다른 광화학적 산화제는 모두 오염물질로 이들은 1차 기원지에서 직접적으로 대기로 방출되지 않는다. 오존이 생성되는 과정은 산소분자가 자외선이나 대기 중에서 전기적으로 전하를 잃는 반응에 의해 생성된다. 또한 이들은 태양복사열을 흡수할 때 이산화질소로 에너지가 전달되는 일련의 복잡한 대기 중의 반응에서 여러 가지 형태의 화학종을 만들어낸다.

오염된 대기에서 대부분의 산화제종에 영향을 미치는 전구물질(precursors)들은 이산화질소와 비메탄 휘발성 유기화합물(VOCs)인데, 특히 불포화된 VOCs가 그렇다. 메탄은 VOCs보다 더욱 비활성이지만 더욱 높은 농도로 존재하는데, 과거 100년 동안 연료로 사용되었기 때문에 농도가 증가했고 경작지나 농장의 동물들에 의해서도 방출되었다. 광화학에서는 오존에 많은 메탄을 포함하는데 해양이나 멀리 떨어진 육지에서는 약 $30\mu g/m^3$에서 $75\mu g/m^3$ 정도로 들어 있다.

다음과 같은 간단한 식으로 대기성 광화학을 표현할 수 있다.

이산화질소는 일산화질소와 산소원자로 해리된다, 즉

$$NO_2 + hv(< 430nm) \rightarrow NO + O \tag{1}$$

산소원자는 산소분자와 결합하여 오존을 만든다.

$$O + O_2 \rightarrow O_3 \quad (2)$$

오존은 일산화질소와 결합하여 분해되고 이산화질소와 산소분자를 만든다.

$$NO + O_3 \rightarrow NO_2 + O_2 \quad (3)$$

따라서 위의 식 (1)~(3)과 같이 광화학적 반응으로 일산화질소를 소비하거나 이산화질소가 만들어지게 된다. 산화질소가 대기성 과산화물(peroxides; RO_2)과 반응하는 것은 광화학평형이 교란되는 가장 중요한 원인으로 다음 식과 같이 표현된다.

$$NO + RO_2 \rightarrow NO_2 + RO \quad (4)$$

대기성 과산화물은 VOCs의 산화로 형성되는데 다음과 같은 알칸의 산화되는 식으로 표현된다.

$$RCHCHR + O \rightarrow RCH_2 + RCO : (\text{기의 발생}) \quad (5)$$

$$RCH_2 + O_2 \rightarrow RCH_2O_2 : (\text{과산화물 발생}) \quad (6)$$

$$RCH_2O + O_2 \rightarrow RCHO + HO_2 : (\text{알데히드 발생}) \quad (7)$$

$$RCH_2O_2 + NO_2 \rightarrow RCH_2O_2NO_2 : (\text{유기질소 발생}) \quad (8)$$

화학식 (8)은 이산화질소가 안정화되거나 이것을 멀리까지 전달되는 과정에서 나타날 수 있을 것인데, 이산화질소가 최초로 발생된 지역에서 멀리까지 전달되면서 반대의 반응도 일어날 수 있기 때문이다.

대규모 도시지역이나 산업지역에서 방출되는 대기에서 VOCs(탄화수소와 관련된 유기 화합물)에는 몇 가지 종류가 있다. 이들의 방출은 복잡한 광화학 반응을 동반하는데, 주로 강한 태양복사가 있는 지역에서이다. 그러므로 반응식 1~8은 대기에서 화합물의 발생되는 과정을 묘사한 것이며, 가장 강력하고 대표적인 산화제이며 독성을 지닌 오존의 발생으로 직결되는 것이다.

일상적으로 존재하는 오존은 다음과 같은 여러 개의 요인에 의해 결정된다. 즉, 일광농도(sunshine density), 대류, 열 투입층의 높이, 산화질소와 VOCs의 농도, 그리고 산화질소에 대한 VOCs의 비율이다. VOCs와 산화질소의 비는 오존형성의 가장 좋은 조건으로 그 범위는 4 : 1~10 : 1의 범위이다.

대기에서 오존의 발생과 분포

오존은 한 번 발생되면 바람의 영향으로 멀리까지 이동되며, 교외 근처나 하강하는 바람이 있는 먼 거리 혹은 높은 고도에서 높은 농도로 변화되는 경향이 있다. 이러한 사실은 높은 오존농도는 분석이 이루어지지 않은 지역에서도 일어날 수 있다는 것이다. 또한 이러한 상황은 개발도상국에서 대규모 도시가 모여 있는 인근지역에서 특히 중요할 수 있는데, 여기에 사는 사람들은 대기질이 좋지 않고 모니터링이 어렵기 때문에 이들 산화제(강산화성 물질)에 쉽게 노출되기 때문이다. 예를 들어 미국에서 오존측량은 공간적으로 높은 상관성을 보이고 있다. 수 km가 떨어진 곳 이내에서는 0.8 정도, 150km 정도까지는 0.6, 그리고 이 관계는 약 400km까지 유지되는 것으로 나타났다.

일반적으로 알려진 오존의 대기 중에 분포하는 경향은 그림 2-2와 같다.

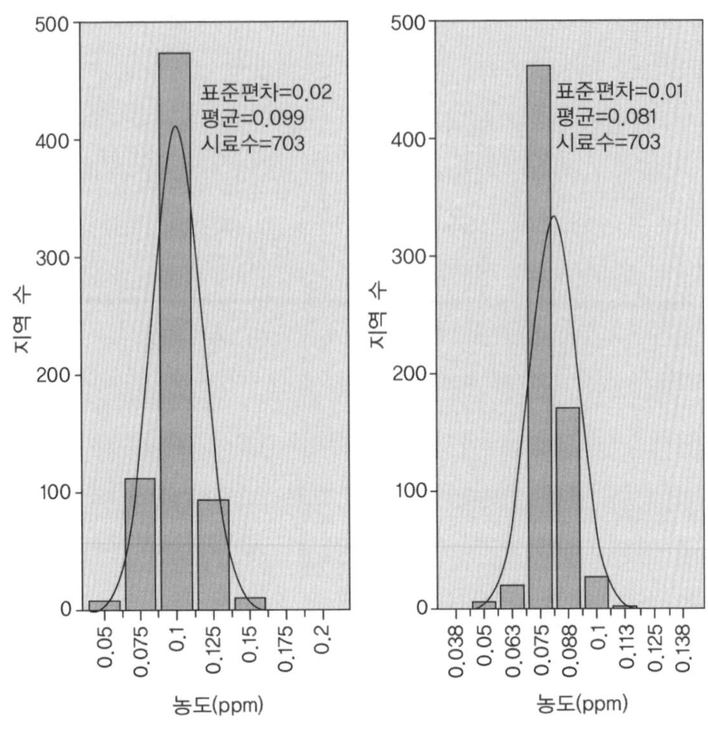

그림 2-2 2003년 미국 703개 지역에서 여름 동안 측정된 오존의 농도 (왼쪽 1시간 및 오른쪽 8시간의 분포) (AQG, 2005)

1.3 이산화질소(Nitrogen dioxide)

이산화질소의 일반적 특성

산화질소에는 수많은 화학종이 있지만 인간의 건강에 영향을 미치는 관점에서 볼 때 관심의 대상이 되는 대기오염종은 이산화질소이다. 이산화질소는 자극성의 매운 향기를 내는 적갈색 계열의 가스이다. 산화질소가 대기에 노출됨과 동시에 이산화질소가 만들어진다. 이산화질소 가스는 강한 산성이며, 물과 반응하여 질산과 질소산화물을 만든다.

이산화질소는 중요한 대기가스이며 인간의 건강에 영향을 미치는 것으로 알려졌다. 그뿐 아니라 1) 가시 태양복사선을 흡수하고 대기변화를 야기시킨다는 점, 2) 가시복사를 흡수하고 범지구적 기후변화에 영향을 준다는 점, 3) 산화질소에 따라 하이드록실기를 만드는 것으로 산화능력을 제어할 수 있다는 것, 4) 이산화질소의 광분해는 오존의 광화학적 형성의 시발점이 되기 때문에 대류권에서 오존의 농도를 결정하고 오염원이 되거나 비오염원이 되는 가장 중심적 역할을 한다는 점에서 중요하다.

이산화질소는 대기에서 광범위하게 다른 화학물질로 변형된다는 점에서 주요 대상이 되는 산화물인데, 이산화질소를 질소산화물로, 이산화황을 황산(sulfuric acid)으로 그리고 연속해서 암모니움 중산화 염(ammonium neutralization salt)으로 전환시킨다는 점에서 매우 중요하다. 그렇기 때문에 광화학적 반응계열은 태양복사가 관련된 이산화질소의 반응이며, 이런 반응으로 새롭게 형성되는 오염물질들은 PM_{10}, $PM_{2.5}$와 같은 현재 측정되는 질산 및 황산물 입자들의 중요한 기원이 된다. 이런 이유로 인해 이산화질소는 인간의 건강에 유해로운 영향을 주는 2차 오염원의 가장 핵심적인 전구물질이 된다.

이산화질소의 기원

전 지구적 스케일에서 자연기원으로 간주되는 이산화질소의 방출은 인간 활동에 의한 방출보다 많다. 자연기원(natural sources)이 되는 것들은 성층권(stratosphere)에서 산화질소의 유입, 박테리아나 화산활동, 번개에서도 이산화질소가 만들어진다. 그러나 자연 환경에서 기원이 되는 이산화질소는 전 지구 표면에 흩어지기 때문에 결과적으로 대기 농도가 되는 배경농도는 매우 작다. 대기로 방출되는 이산화질소의 주요 기원은 고정 정점에서 기원이 되는 연소과정(열이나 전력생산)과 자동차 관련(자동차나 배 엔진의 내부연소) 기원이다.

대부분의 고정 정점에서 산화질소가 방출되고 대기에서 이산화질소로 전환된다. 대기의 산화체(강산화성 물질 : oxidant)에 의해 산화질소가 산화되는 것은 매우 낮은 반응에서도 오존과 같이 매우 빠르고 급속히 진행된다. Altshuller 등(1956)은 연구결과 오존농도가 200μg/m^3(0.1ppm)일 때 약 1분 이내에 약 50%의 일산화질소가 전환되어 120μg/m^3(0.1ppm)이 될 수 있음을 계산했다. 결론적으로 이러한 반응은 대기 중 이산화질소가 생성되는 가장 중요한 과정이고, 그 외는 용접, 비특정 폭발, 질산제도 등과 같은 비연소 산업과정에서 기원된다. 실내기원으로는 애호가들이 즐겨하는 흡연, 가스가 들어있는 난방이나 기기장치들이다. 따라서 질소산화물의 차이(일산화질소 및 이산화질소)는 각 나라마다 다르고 이는 연료소비에 따라 달라질 수 있다.

대기에서 이산화질소의 발생과 분포

이산화질소는 대기에서 급속히 생성되고 이동되기 때문에 특정지역에서 농도범위는 크게 달라질 수 있다. 지금까지 보고된 이산화질소의 연평균 농도는 전 세계 도시지역을 평균해서 약 20~90μg/m^3(0.01~0.05ppm) 정도인 것으로 알려졌다(USEPA, 2005). 도시 외곽지역에서 이산화질소의 농도 수준은 연중 어느 계절, 또는 하루 중 어느 시간대에서 측정했느냐에 따라 그리고 기상요건에 따라 달라진다. 전형적으로 일일분포 형태는 낮은 배경 농도의 이산화질소 농도 특징을 보이는데, 여기에 한두 차례의 높은 농도가 출퇴근시간에 증가하는 것으로 나타난다. 가장 많이 방출되는 시간대에는 번잡한 도로 근처에서 약 940μg/m^3(0.5ppm)을 상회한다. 몇몇 연구는 유럽과 미국에서 도로변 터널에서 농도를 측정했는데, 자동차 등과 관련되어 개별적으로 발생되는 농도는 매우 높았다. 예를 들어, 179~688$\mu g/m^3$ 정도의 이산화질소가 러시아워 시간대에 터널에서 관측되었다. 60년대와 70년대에 장기간에 걸친 모니터링 결과 세계 각지의 주요 도시에서 질소산화물이 증가되는 것을 알 수 있었다. 이산화질소가 증가하는 것은 인구증가와 관련이 있는 것으로 알려져 있는데, 세계적으로 인구는 꾸준히 증가하고 있기 때문에 이산화질소도 증가가 예상된다.

연소기기의 광범위한 사용으로 인해 가정에서 이산화질소의 농도는 실외의 농도보다 매우 높을 수도 있다. 수일 동안에 가스스토브나 보조 가열장치, 옷 세탁 등에 사용된다면 평균 이산화질소의 농도는 200$\mu g/m^3$(0.1ppm)을 초과할 수도 있다. 부엌에서 최고 농도는 요리를 할 동안에 230~2055$\mu g/m^3$ (0.12~1.09ppm)의 범위까지 올라갈 수 있으며, 가정에서 15분간 기록된 최고 농도는 2716$\mu g/m^3$이다.

1.4 이산화황(Sulfur dioxide)

이산화황의 일반적 특성

화석연료의 연소에 의해 기원된 이산화황과 미세먼지는 세계 어디에서나 매우 중요한 대기오염원으로 간주되고 있다. 현실적으로 가장 중요한 문제는 산업화 과정에서 석탄을 무절제하게 사용하거나 난방으로 이용되는 대도시에서 이산화황의 오염을 심각하게 경험하고 있는 것이다. 이러한 상황에서는 복잡한 오염원이 복합적으로 나타날 것으로 인식되고 있으며, 이미 수십 년 전에 역학연구의 사례에서도 볼 수 있었다. 따라서 이산화황 오염에 대한 영향을 정확하게 파악하기 위해 24시간 동안 연속적으로 조사하거나 이산화황 오염에 대한 만성적 영향을 조사하기 위해서는 일 년 동안 지속적으로 조사하는 것을 지침으로 정하고 있다.

이산화황 자체에 대해서 특별한 관심이 집중되고 있는데, 이것은 인간이 이산화황에 노출되었을 때 어떤 결과가 나타날 것인가에 대한 의문이 제기되기 때문이다. 이산화황에 수 시간 동안 노출되었을 경우에 일어날 수 있는 결과에 대한 연구결과를 제시한 바도 있다. 또한 석탄이나 오일 등의 연소로 야기되는 이산화황의 최고 농도에 노출되거나 또는 뒤이어 일어날 수 있는 미세먼지의 농도와 어떻게 관련되는지도 연구되었다. 과거 수십 년 동안 피부역학적인 연구결과는 이산화황이 건강에 미친 증거를 제시하기도 하였다. 이들 결과들은 다양한 산업 시설이나 자동차 연소 등과 같은 것이 이산화황의 근원지가 되고 있으며, 이들 지역에서는 피부역학적으로 어떤 영향을 초래한다고 지적하고 있다.

이산화황은 황을 포함하는 화석연료의 연소(사용)로부터 유래되며, 세계 각지에서 중요한 대기오염원이다. 이산화황의 산화, 특히 금속성 촉매나 납이 포함되어 있는 입자표면에서는 황산이 만들어진다. 암모니아에 의해 중화되면 중황산염(bisulfate)이나 황산염(sulfate)이 만들어진다.

이산화황은 무색 가스이며 쉽게 물에 용해될 수 있다. 황산은 강한 산이며 3산화황(sulfur trioxide)과 물이 반응하여 만들어진다. 황산은 수분을 쉽게 빨아들인다. 순수한 물질인 경우 황산은 무색이며 330°C에 비등점이 있다. 암모니움 중황산염(ammonium bisulfate; NH_4HSO_4) 또한 강산이지만 순수물질일 때 황산보다는 약하며, 고용체로 용융점은 147°C이다. 황산의 작은 방울은 핵을 만들어 응집될 수 있다. 따라서 매우 작은 핵(황산)이 있으면 주변 입자와 결합하여 큰 입자가 될 수 있다. 황산증기는 다른 증기와 달리 큰 물질로 응집될 수 있으며 핵을 만든다.

이산화황의 기원 및 발생

화산활동과 같은 자연적 기원은 이산화황의 자연적 배경농도 수준에 영향을 준다. 대부분의 도시지역에서 인간 활동에 의한 이산화황의 기여는 가장 큰 관심사이다. 인간 활동에 기인한 이산화황의 기원은 이산화황을 함유한 화석연료를 실내난방이나 전력생산, 그리고 자동차 이용에 의한 것이다. 최근 유럽 여러 나라에서는 이산화황을 다량으로 함유한 석탄을 이용한 실내난방은 줄어들고 있는 실정이고 전력생산이나 자동차 이용에 따른 이산화황 발생이 주요 기원이 되는 만큼 이에 대해서도 줄이려고 노력하고 있다. 이러한 현상은 지속적으로 이산화황 배출을 줄이는 효과를 가져오고 있는데, 실제 런던과 같이 과거 심하게 오염되었던 대도시에서는 이산화황 농도가 계속해서 감소하고 있다. 대형공장의 높은 굴뚝에서 발생되는 이산화황은 보다 넓은 범위로 분산되어 주위와 섞이게 된다. 이러한 특징은 특히 경제적으로 성장한 나라에서 도시와 농촌을 통틀어서 비슷한 농도를 가지게 하는 원인이 된다. 실제 어떤 농촌지역에서 이산화황의 농도는 도시의 농도를 상회하는 경우도 있다. 그러나 대부분 개발도상국에서는 전력생산이나 난방 및 요리 등을 위해서 높은 황을 함유한 석탄을 사용하는 빈도가 높기 때문에 지상에서 이산화황 농도는 매우 높은 수준으로 남아 있다.

이산화황 근원지의 변화로 유럽의 주요 도시에서 “Air quality guideline for Europe”가 나온 2000년에 이래 연평균 이산화황의 농도는 주로 50μg/m^3 이하로 나타났다. 일간 평균 농도는 많이 떨어진 상태인데, 일반적으로 100μg/m^3 이하이다. 대도시나 난방으로 많은 석탄을 사용한다면 짧은 기간 내에도 이산화황 농도는 높아질 수 있고 전력발전에 의해 굴뚝에서 발생되는 이산화황은 결국 지상으로 떨어진다(이것을 fumigation episodes로 명명함). 이처럼 발생해서 지상으로 떨어지기까지의 전이과정에는 수천 $\mu g/m^3$까지도 농도가 높아질 수 있다. 이산화황의 실내 농도는 일반적으로 실외보다 낮은데, 이는 벽이나 가구, 옷 등 환기가 가능한 매개체로 인해 이산화황이 흡수되기 때문이다. 그렇지만 수천 $\mu g/m^3$ 이상 높은 농도가 나타나는 예외적인 경우도 있다.

유럽에서 이산화황이나 다른 황 화합물의 농도와 축적에 대한 자료는 주로 도시지역에 집중된 국가적인 모니터링 시스템에 의존하거나 오염물질 이동에 대한 장기적인 공동연구 프로그램에 기초한다. 유럽에서 도시지역에 대한 이산화황의 자연적 배경농도는 일반적으로 $5\mu g/m^3$보다 낮다. 이산화황을 멀리까지 전달하는 높은 굴뚝을 사용하는 것은 많은 지역에서 이 농도를 $25\mu g/m^3$까지 올리는 효과를 가져온다. 아시아에서 이산화황의 최근 농도는 중국의 일부 대도시에서 $200\mu g/m^3$ 정도이고, 홍콩이나 대만에서는 $20\mu g/m^3$ 정도로 낮다.

2. 대기질(air quality)

앞에서 대기 중 미세먼지의 개별적 특성이나 분포 및 기원에 대해 살펴보았다. 그러나 이런 미세먼지가 중요하게 간주되는 이유는 그들이 대기 중에 존재하면서 대기의 질을 악화시키고 결국은 인간이 생활하는 대기환경에 영향을 주기 때문이다. 이 장에서는 이들 각종 미세먼지가 어떻게 대기질에 영향을 미치는지에 대해 살펴본다. 특히 각종 미세먼지는 대기오염의 주범이라고 할 수 있기 때문에 이들과 관련된 대기오염에 관해서 우선 살펴보기로 한다.

대기질 기준은 주변 환경이나 공공위생에 잠재적 위해를 줄 수 있는 대기오염의 관점에서 허용 가능한 수준이 고려되어야 하는데, 해당 관계당국의 조처로 조절되고 있다. 대기오염을 준수하기 위해서 각국은 다소 다른 관점에서 조절하고 있다. 예를 들어 중국의 경우는, 임의의 지점에서 국가 대기질 표준(ambient air quality standard)으로 불리고 있으며, 캐나다와 유럽연합은 제한된 값을 정하고 있다. 이렇게 국가 간의 불일치된 기준을 표준화하기 위해 미국의 USEPA에서 대기질 조정에 대한 표준적 목적을 위해 표준 대기질을 규정하려고 노력하고 있다. 또한 대기질 농도규정이나 대기 노출시간 등은 이 가이드라인에서 규정하고 있으며, 표준 대기질을 제한된 시간 내에 어떻게 규정하고 평가할 것인가에 대해 기술하고 있다.

표 2-1 주요 나라에서 대기질 가이드라인

구분	이산화황($\mu g/m^3$)			
	1년	24시간	1시간	10분
세계보건기구		20		500
유럽연합		125	350	
미국	78	366		
캘리포니아		105	655	
일본		105	262	
브라질	80	365		
멕시코	78	341		
남아프리카	50	125		500
인디아(저밀도 인구지역 / 주거지역 / 공업지역)	15/60/80	30/80/120		
중국(등급 1 / 2 / 3)	20/60/100	50/150/250	150/500/700	

표준 대기질을 설정하기 위해 정책결정자들이 직면하고 고려해야 될 사항은 다음과 같은 항목들이다(USEPA, 2005).

- 대기에서 어떤 종류의 오염물질에 대해서 그 특성이 규정되어야 하는가?
- 어떠한 오염물질이 건강과 공중위생에 위해하며, 보호되어야 하는 반대 측면은 무엇인가?
- 누가 이들 영향으로부터 보호되어야 하는가?
- 어떤 정도의 위해수준이 안정하게 받아들일 수 있는가?
- 어느 정도가 제안된 표준 대기질로 가능하며, 비용은 얼마나 드는가?

우리가 호흡하는 대기는 수백 종의 화학종으로 이루어졌으며, 이들 중 많게는 직접적으로 인간의 활동에서 기인한 것이다. 대기질 오염문제와 관련해서 어떤 종류의 화학종을 규제하고 평가하기 위해서 가장 먼저 해야 할 것은 인간의 건강과 환경에 영향을 주는 오염물질의 잠재적 위해성에 대한 연구결과를 철저하게 조사하고 평가하는 것이다. 이 과정은 이들 대기오염물질에 노출되었을 때 잠재적 영향으로 나타날 수 있는 다양한 독성이나 피부역학 연구의 증거를 수집하는 것이다.

이들 증거를 모아서 연구자나 조정자는 잠재적으로 위해성 있는 오염물질을 규정할 수 있다. 이들 가이드라인은 국제적으로 공표된 과학적 문헌들을 제공하고 있으며, 이을 이용해서 표준 가이드라인을 설정하고 있다. 그럼에도 불구하고 표준 가이드라인을 이용하여 대기질 영향이나 수준을 결정하는 데는 지역적으로 이루어진 연구결과는 꼭 고려되어야 한다. 이는 대규모 인구가 대기오염에 대해 반응하는 것은 생활방식이나 특성, 인구밀도 등이 모두 다르고 오염물질의 노출과 오염물의 혼합된 형태가 각각 다르기 때문이다.

한번 오염물질이 위해하다고 판단되면, 그것이 잠재적으로 환경과 인간의 건강에 영향을 미치기 때문에 그 문제가 되는 여러 가지를 해결하기 위해 그 오염물질의 농도, 그리고 노출된 상태 등에 대한 정보를 얻을 필요가 있다. 건강에 미치는 영향에 대한 평가는 어떤 오염물질의 인구증가에 직면한 대기오염 위해요소를 결정하는 가장 중요한 요소이다.

2.1 대기오염의 근원 및 개요

일반적으로 대기오염원은 1차 오염원이 직접 대기로 방출되어 오염이 되는 경우와 대기 중에서 기존에 방출된 오염원들이 자체적으로 반응하여 형성되는 2차 오염원으로 구분할 수 있다. 가스나 입자 형태와 같은 물리적 상태를 차치하고 생각한다면 오염원의 지형적 위치나 근원지의 분포를 고려하는 것은 매우 중요하다. 지역적으로 도시나 농촌 혹은 어떤 특정지역 또는 지구적(대규모) 대기오염은 구분이 가능하며, 주로 특정 대기 조성의 대기 중 잔류시간에 의해 결정된다고 할 수 있다.

1차 오염원은 주로 이산화황, 산화질소, 일산화탄소, 휘발성유기 화합물, 탄산질 혹은 비탄산질 1차 입자 등이 여기에 속한다. 어떤 기원 물질은 특정한 지형적 범위(점, 선 혹은 면적 기원)로 구분될 수도 있다. 2차 오염은 주로 대기 중에서 1차 오염원의 화학적 반응으로 야기되는데 산소나 물과 같은 자연환경에 있는 구성물질들이 포함된다. 이 2차 오염원으로는 오존이나 산화질소 그리고 2차 미세먼지 등이 포함된다.

대기오염원의 근원이 되는 미세먼지인 오염물질은 궁극적으로 그들의 물리적 상태나 크기에 의해 구분될 수 있다고 1장에서 언급한 바 있다. 마찬가지로 이들 오염원에 대해서도 상태나 크기에 따라 살펴볼 필요가 있다. 형태적으로 보면 가스 상태로 존재하는 오염원을 들 수 있는데, 가스 상태의 오염원이라고 하는 것은 가스나 증기로 존재하는 필터에 걸러지지 않거나 흡수되기 쉬운 개별 분자로 존재하는 것들이다. 가스 상태의 대기오염원은 직접적으로 인간의 호흡에 영향을 주기 때문에 중요하게 다루어진다. 입자 상태의 오염원은 고체나 액체 상태의 대기 중 부유물질로 구성된다. 이들 입자형 대기오염원은 1차 혹은 2차 오염원을 포함하며, 매우 넓은 범위의 크기를 보인다. 새롭게 형성된 2차 입자는 직경이 1~2nm 정도로 작을 수도 있으며, 조립질 먼지나 해염(sea salt)은 100μm 정도로 입자가 클 수도 있다. 그러나 이들 큰 입자들은 대기 중 체류시간이 짧아 중력이나 바람의 영향으로 비교적 빨리 지상에 떨어진다. 그렇기 때문에 오염원에서 매우 가까운 거리에 있지 않다면, 20μm가 넘는 입자들은 대기 중에 많이 존재하지 않는다고 할 수 있다. 입자상 오염물질은 매우 다양한 화학적 조

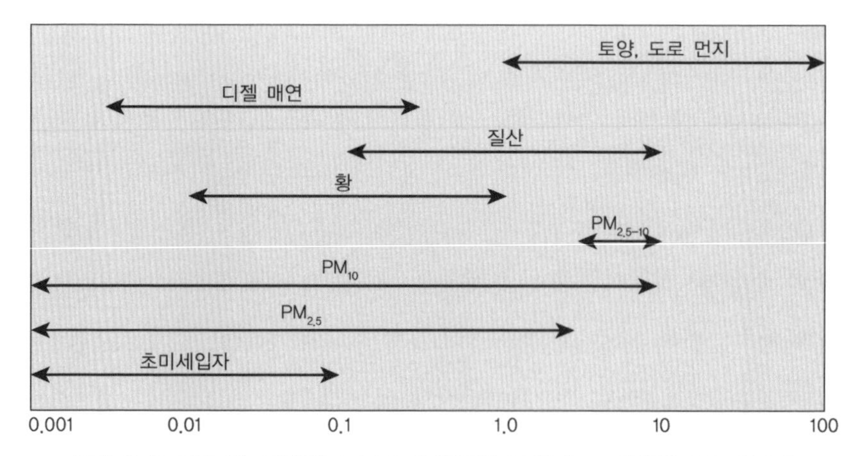

그림 2-3 대기 중 미세먼지, 주요 오염원의 구성과 크기변화(AQG, 2005)

성을 보이는데 이는 전적으로 그 기원이 다양하기 때문이다. 또한 이들은 매우 다양한 크기를 보인다(그림 2-3). 그림 2-3은 다양한 크기의 오염원을 표시하고 있으며 오염원들 각각이 차지하는 범위를 나타내고 있다. 여기에도 PM_{10}, $PM_{2.5}$ 및 초미세먼지의 범위를 표시하였다.

2.2 1차 오염원

1차 오염원의 종류로는 이산화황, 산화질소, 일산화탄소, 휘발성 유기화합물(VOCs; volatile organic compounds), 탄소질 물질, 비탄소질 1차(주요) 물질 등이 여기에 속한다. 각각의 오염원에 대한 형성 기작이나 대기 중으로 방출되는 과정을 간략히 살펴보기로 한다.

이산화황(sulfur dioxide)은 황이 포함된 연료를 연소하면 만들어진다. 화석연료(fossil fuels), 즉 대부분 석탄이나 석유 등으로 알려진 화석연료는 이들의 근원지에 따라 다르지만 다량의 황을 포함하고 있는데 일반적으로 1~5% 내외의 황을 포함하는 것으로 알려졌다. 이들이 연소하게 되면 연료로서의 황은 거의 정량적으로 이산화황으로 전환된다. 최근 산업화가 진행된 나라에서는 이들이 대기로 방출되기 전에 정제과정이나 가스 상태에서 황을 제거한다. 황은 휘발성이 작은 원유에 가장 풍부하므로 잔류 원유를 사용하는 선박 등에서는 다량의 이산화황이 방출된다. 금속물질을 제련하는 소고과정(sintering process)에서도, 황이 함유된 광상을 처리하는 과정(roasting)에서도 이산화황이 만들어진다. 그러나 현재도 산업화가 덜 된 국가에서는 석탄과 석유 등을 지속적으로 사용하고 있으며, 다량의 황이 포함된 디젤연료를 사용하는 자동차 등에서 이산화황이 대량으로 방출되고 있는 실정이다.

산화질소(nitrogen oxide)의 경우도 이산화황이 방출되는 것과 매우 유사하게 연료의 연소과정 동안에 연료 속의 질소가 산화된 형태로 전환된다. 석탄은 이런 관점에서 가장 중요한 연료이며, 석유나 가스는 비교적 적은 양의 질소를 함유하고 있다. 그러나 산화질소는 직접적으로 화석연료의 연소에 의해 방출되는 것 이외에 다른 과정에 의해서도 형성되는데 주로 높은 온도의 대기에서 연소되는 과정 중에서 대기에 존재하는 질소와 산소가 결합하여 산화질소가 만들어지기도 한다. 이러한 과정은 고온의 연소과정에서 이루어지는데, 어떻게 해서 교통량이 많은 도로나 전력발전소에서 이들 가스의 주요 기원지가 되는지를 설명할 수 있다. 질소산화물의 대부분은 이 과정으로 질소산화물(nitric oxide)의 형태로 방출된다. 소량이지만 약 전체의 5% 정도는 이산화질소로 방출되는데, 대기성 이산화질소의 대부분은 대기화학에서 만들어진 2차 생성물이다.

일산화탄소(carbon monoxide)는 가스로 탄소를 함유한 연료의 불완전한 연소에 의해 발생된다. 완전연소에 의해 이산화탄소가 만들어지는데 대부분의 연소과정에서 탄소는 산화된다. 일산화탄소 형성의 가장 좋은 예는 경유를 사용하는 차량의 연소이다.

휘발성 유기화합물(VOCs)은 대기에서 수증기의 형태로 존재하는 탄화수소, 산소, 할로겐 등을 포함한다. 주된 기원은 자동차 등과 같은 연료탱크에서 누출된 액체 연료의 증발이나 압축된 시스템에서 천연가스나 메탄의 누출로 기원된다. 그러나 화석연료의 연소나 연소과정은 VOCs를 방출하게 되는데, 불완전하게 연소되거나 부분적으로 연소된 연료로부터 VOCs의 형태로 방출된다. 따라서 오래된 자동차에서는 VOCs 방출이 주된 기원지가 될 수 있다. 그 외 유기용매나 접착제, 페인트 등이 대기 중으로 노출되었을 때 VOCs가 방출하게 된다.

탄소질 입자(carbonaceous particles)는 화석연료의 연소와 바이오매스(biomass)로부터 방출된다. 예를 들어, 디젤이나 경유엔진에서는 전형적으로 탄소원소와 휘발성이 낮은 유기화합물을 이용하고 있다. 원소성 탄소는 흑연의 미세결정 형태로 구성되는데, 기본적으로 탄소가 함유된 다환 방향족 구조(poly cyclic aromatic structure)를 가지게 된다. 탄소질 입자와는 달리 비탄소질 입자들도 있다. 이들은 주로 대기에 부유하는 형태로 떠돌아다니는 재들로 주로 석탄을 사용하거나 오일을 사용하는 것과는 큰 관계가 없는 광물질들에 기원을 두고 있다. 이미 기술한 바와 같이 바람은 대지 표층에 있는 토양이나 먼지를 대기로 부유하게 한다. 건설(건축)이나 건축물의 해체(분해)과정은 조립질 입자의 중요한 기원 물질이다.

2.3 2차 오염원

이미 기술한 바와 같이 미세먼지의 대기오염원으로서 2차 오염은 주로 대기 자체 내에서 화학적 반응으로 인해 야기된다. 이렇게 대기 중에서 일어나는 대기성 화학반응의 주요 개요와 중요한 반응과정 및 대기 중에서 발생되는 오염원 형성의 중요성에 대해 살펴보기로 한다.

질소 및 오존의 산화

이미 언급한 바와 같이 질소산화물의 주된 기원은 산화질소의 형태로부터 유래되는데, 여기에는 전체적으로 연소기원 질소산화물의 약 95%를 차지한다. 미세먼지이며 오염물질인 이산화질소(NO_2)는 인간의 건강과 관련해서 주요 관심 대상이다. 대기 중에서 전환되는 주요 경로는 대기에 존재하는 오존(O_3)과의 반응에 의하는데, 여기에서 오존은 대기에 포함된 자연적 농도의 범위에 있는 것으로 성층권에서 대기로 이동되는 것을 포함한다. 이들이 만들어지는 또 다른 경로가 있는데, 이산화질소가 일산화질소와 산소로 해리되거나 산소원자가 산소와 결합하여 오존을 형성하는 아래의 세 가지 반응으로 나타낼 수 있다.

$$NO + O_3 \rightarrow NO_2 + O_2 \quad (1)$$

$$NO_2 + hv(\text{태양광}) \rightarrow NO + O \quad (2)$$

$$O + O_2 \rightarrow O_3 \quad (3)$$

위의 각 반응은 상대적으로 빠르게 일어나기 때문에 평형상태, 즉 광역학적 상태(photostationary state)는 세 반응 전부를 포함한다고 할 수 있다. 두 번째 반응은 태양광에 의존하기 때문에 밤에는 효율이 없다. 오존이 풍부하게 있을 때에 한해서 첫 번째 반응은 산화질소를 이산화질소로 전환시키게 되는데 이는 주로 시골지역에서 일어난다. 한편, 심하게 오염된 도시지역에서는 오존이 불충분하여 이러한 전환이 이루어지지 않는다. 특히 겨울철 밤 동안에는 오존농도가 낮다. 이와 같은 일련의 화학반응은 이산화질소의 농도가 조절되는데 큰 의미를 가진다. 그림 2-4는 영국의 도시지역에서 연간 평균 이산화질소와 산화질소 농도의 전형적인 관계를 보여준다. 그림은 완만한 곡선형의 변화를 보이는데, 산화질소가 높은 농도를 보이는 것은 이산화질소의 비슷한 감소로 나타난다. 결국, 산화질소 방출을 감소시키는 것은 이산화질소를 대상으로 한 대기질 개선에 필요한 요건이다.

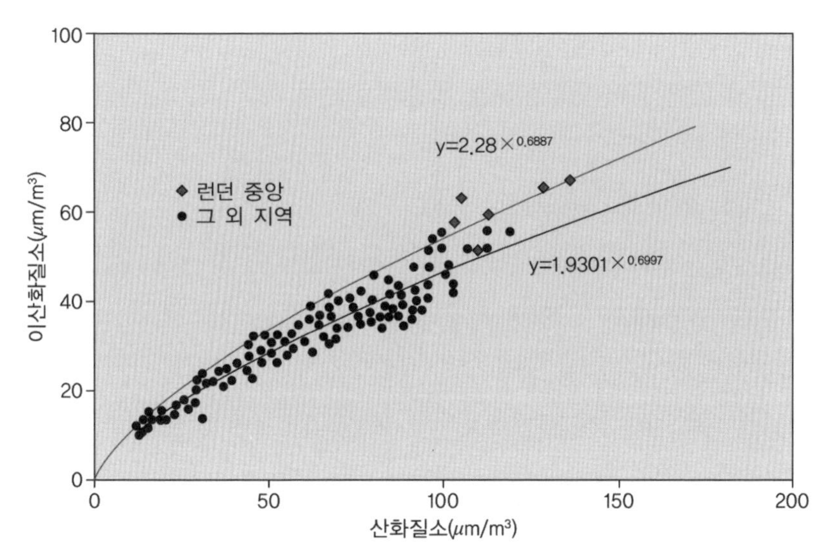

그림 2-4 1998~2001년간 런던에서 산화질소의 연평균 농도와 이산화질소의 연평균 농도의 관계(AQG, 2005)

지상에 있는 오존의 기원

오존은 비교적 대기의 낮은 곳에서 기인한 2차 오염물질이다(그림 2-5). 오존의 배경농도는 현재 북반구에서 나타나는 농도의 반 이하일 것인데, 이는 주로 성층권에서 산소의 광분해 작용에 의해 형성된 오존이 성층권 밑 부분으로 이동되기 때문이다. 오존은 대류권에서 대기성 화학반응에 의해서 형성된다. 앞에서 설명한 (1)~(3)의 반응으로는 뚜렷하게 감지될 만한 오존량을 만들어낼 수 없다. 이는 반응 (3)으로 오존이 형성되자마자 곧 반응 (1)에 의해 분해되기 때문이다. 그러나 밝은 태양광과 화학적으로 활성화될 수 있는 탄화수소가 있는 경우에는 상황이 달라진다. 이런 경우에는 탄화수소가 산화되면서 peroxy radical(페록실기)이 순간적으로 만들어진다. 오염된 대기에서 이 페록실기는 산화질소(nitric oxide)와 반응하여 산화되고, 결국 이산화질소가 만들어진다.

다음과 같은 화학식의 형태로 반응하게 된다.

$$NO + RO_2(\text{alkyl peroxide}) \rightarrow NO_2 + RO \tag{4}$$

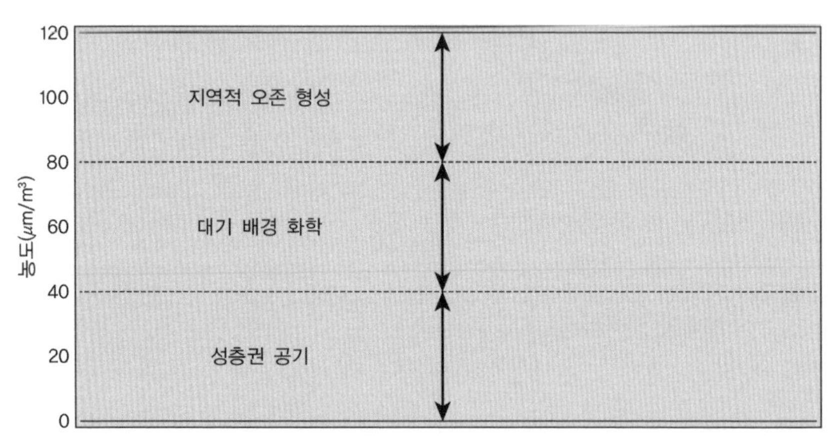

그림 2-5 북반구 중위도 지역에서 오존의 농도에 영향을 주는 주요원(AQG, 2005)

이러한 일련의 과정을 거치면서 페록실기는 오존분자를 소비하지 않고 질소산화물(nitric oxide)을 이산화질소로 전환시킨다. 그러므로 반응 (4)가 반응 (1)~(3)에 더해지면 페록실기가 생성되는 한 높은 농도의 오존은 쉽게 형성된다.

오존 생성은 장기간 혹은 단기간에 걸쳐 생성될 수 있다. 예를 들어, 장기간에 걸쳐 생성되는 오존은 멀리 떨어진 대기 상에서 만들어지는데, 이 경우 낮은 농도의 산화질소가 메탄이나 페록실기에 기원한 일산화탄소와 반응하여 대기 중 오존의 배경농도를 증가시킨다. 아마도 이 경우, 농도는 산업혁명 이전의 배경농도의 약 2배 정도로 생각된다. 이때 오존이 만들어지는 속도는 매우 느리지만 대기 중에 오랫동안 이용(가용)될 수 있는 메탄과 일산화탄소는 매우 많기 때문에 이 반응과정은 대단히 중요하게 간주된다. 미국의 로스앤젤레스(LA)나 그 외 세계의 다른 대도시와 같은 보다 더 오염된 대기환경에서는 인위기원으로부터 야기된 많은 활성 탄화수소가 있다. 높은 농도의 이산화질소와 밝은 태양광이 존재한다는 것은 다시 말해서 오존농도가 높은 상황이 만들어질 수 있고, 그 연장선상에서 뒤이은 대기오염을 유발시킬 수 있다. LA나 멕시코시티와 같은 대도시는 잘 알려진 예이지만, 서유럽과 같은 지역에서도 대규모로 오존에 의한 대기오염이 관찰된다. 이런 지역에서는 높은 농도를 보이는 오존이 대기에서 다른 오염원과 합쳐져서 오염을 가중시키고 먼 곳까지 이동된다. 다시 요약하면, 페록실기가 있고 이것이 반응 (4)가 관련되면 높은 농도의 이산화질소가 만들어지게 되는데 이것은 반응식 (1)~(3)에서 기대되는 예상치보다 훨씬 높다.

2차 입자(미세먼지)(secondary particulate matter)

세계의 어떤 지역에서는 2차 미세먼지가 대기 중 총 입자(미세먼지)의 약 50% 정도까지 달하는 경우가 있다. 이들 2차 미세먼지는 세 개의 성분으로 구성되는데, 그 첫 번째가 황산염(sulfate)이다. 이 황산염은 이산화황이 대기 중에서 산화되는 과정으로 유발되는데, 황산 3산화물(trioxide)의 형성으로부터 기원되어 황산의 형태로 물과 함께 있을 때 농축된다. 암모니아 방출이 낮은 지역에서는 황산은 주로 황산염의 형태로 구성된다. 그러나 대다수 지역에서 상당히 많은 암모니아가 방출되고 있는데, 이것은 황산을 고용체인 황산암모늄(ammonium sulfate)으로 중화시킨다. 이산화질소 또한 대기 중에서 산화되어(이산화황보다 더 빠르게) 질산의 형태로 되는데, 주로 대기 중에서는 증기로 존재한다. 그러나 질산은 암모니아나 칼슘카보네이트와 같은 물질과 반응하거나 또는 염화나트륨과 반응하여 고용체인 질산염을 형성한다. 아래와 같이 이들 반응식은 가역반응으로 일어날 수 있다.

HNO_3(∋tric acid) + NH_3(ammonia) ↔ NH_4NO_3(ammonium nitrate)

위에서 보는 것처럼 질산암모늄(NH_4NO_3)은 HNO_3(nitric acid)와 NH_3(ammonia)로 가역반응이 일어날 수 있는데, 이는 주로 높은 온도와 낮은 습도에서 잘 일어난다. 그러므로 대기 중에서 질산암모늄의 일주 혹은 계절적 변동은 매우 중요하다.

세 번째로 중요한 2차 미세먼지는 유기 에어로졸(SOA; secondary organic aerosol)이다. 이 SOA는 대기 중에서 휘발성 유기화합물(VOCs)의 반응에 의해 산화된 유기화합물로 구성된다. 나무 등에서 방출되는 알파피넨(α-pinene)과 같은 생물기원 휘발성 유기화합물은 이 과정에서 활성도가 상당히 높고, 어떤 지역에서는 매우 중요한 SOA의 근원이 된다. 인간 활동에 기인한 VOCs 방출은 대기 중에서 산화되는데 낮은 휘발성으로 인해 SOA가 농축되게 된다.

전형적으로 2차 에어로졸의 형성은 매우 느린데 하루나 그보다 더 걸릴 수도 있다. 결론적으로 황산염과 같은 대기 중의 물질은 다소 먼 거리에 걸쳐 균등한 농도를 보인다. SOA나 질산염의 경우에는 형성과정이 매우 빠르고, 질산암모늄은 가역반응이 가능하기 때문에 이들의 공간적인 분포 차이는 예측이 가능하다.

CHAPTER 03

대기, 육상 및 해양퇴적물 중 미세먼지와 대기 순환

03 대기, 육상 및 해양퇴적물 중 미세먼지와 대기 순환

일반적으로 미세먼지(PM; particulate matter)는 직경 10μm를 기준으로 이보다 직경이 작은 것을 총칭하여 미세먼지로 부르고 있으나, 다시 이를 세분하여 직경 10~2.5μm를 조립질 미세먼지(coarse particulate matter), 2.5μm보다 작은 입경의 미세먼지를 초미세먼지($PM_{2.5}$; ultrafine particulate matter)로 부른다(1장 참조). 그러나 1장과 2장에서 언급하였듯이, 황사를 포함하여 에어로졸과 미세먼지는 다양한 기원과 특성을 가진다. 그리고 이들 미세먼지는 대부분 바람에 의해 기원지에서 멀리 떨어진 곳으로 운반되고 결국은 육상이나 해양퇴적물로 침적되는 특징이 있다.

이렇게 먼 거리로 이동되는 미세먼지에는 기원에 따라 황사기원의 먼지(dust)나 에어로졸(aerosol), 그리고 인위기원의 미세먼지도 포함한다. 예를 들어, 중국 내륙에서 발생된 PM_{10}이나 $PM_{2.5}$인 미세먼지는 수일 동안에 한반도로 이동되어 한반도에서 발원된 미세먼지와 합쳐져서 높은 농도를 보이기도 하며, 한반도를 지나 일본에까지 운반되고 있다(http://www.quora.com). 마찬가지로 중국의 사막지대에서 모래폭풍 등에 의해 발원한 황사와 에어로졸 또는 그 속에 포함된 조립질인 먼지도 수일 동안에 한반도로 이동되어 대기환경을 악화시키기도 한다. 또한 모래폭풍 등에 의해 아시아 대륙에서 발생된 에어로졸은 대기를 통해 태평양으로 이동하여 해양에 침적되기도 하고 태평양을 횡단하고 더욱더 먼 거리를 이동하여 지구 반대편에 위치한 아메리카 대륙의 대기환경에 영향을 주기도 한다(Creamean et al., 2013). 더욱이 이들은 중국, 일본과 시베리아를 지나 북극 지방까지 도달한다(Huang et al., 2015).

대륙에서 기원한 미세먼지는 아시아 대륙에만 있는 것은 아니다. 대륙지각 기원의 조립질 에어로졸이나 입자 크기가 매우 작은 미세먼지는 아시아 대륙, 아프리카 대륙, 유럽 등에서도 발원한다(Maher et al., 2011). 이렇듯 거의 모든 대륙에서 미세먼지가 발생한다고 할 수 있다. 다소 주의할 점은 대륙에서 발원한 미세먼지는 지질학적 연대인 제4기 동안에 거의 전 대륙에서 발원하면서 기후변화와 밀접히 관련되고 있으며, 이들은 거의 모든 해양에 침적되면서 자화기록, 먼지 플럭스 기록 등 다양한 기록을 남기고 과거의 기후변화를 잘 반영한다는 점에서 최근에 회자되는 인간 활동 기원 미세먼지와는 다소 차이가 있다.

이 장에서는 이들 주요 미세먼지 구성성분들이 대기, 육상, 해양에서 어떻게 이동되고 있는지, 그리고 미세먼지를 포집하는 방법은 무엇인지, 포집 후 분석한 결과 축적되는 과정을 육상이나 해양퇴적물 중에서 찾아보고 이들이 그곳으로 운반되기까지의 경로와 대기에서 미세먼지 순환에 대해 몇 가지 기존 연구를 중심으로 살펴보기로 한다. 그러나 이 장에서 언급하는 미세먼지는 1장과 2장에서 언급한 주요 오염원이 되고 있는 미세먼지를 포함하여, 10μm 이하의 에어로졸 기원의 고체형 미세먼지를 포함하여 설명하고자 한다. 먼 거리를 이동하는 무기질 미세먼지는 그 대부분이 육상에서 발원된 고체기원의 에어로졸과 깊은 관계가 있으며, 여기에 인위기원의 미세먼지가 혼합된 것이기 때문이다. 또한 실질적으로 해양퇴적물에서는 입자 형태의 미세먼지가 침적되는 과정에서 분해되거나 전이되고 있기 때문이다. 대부분의 경우 대기에서 에어로졸을 채집하거나 해양에서 부유물질을 이용하여 미세먼지의 시공간적인 분포나 기원 등을 연구할 때는 무기기원의 에어로졸을 중심으로 연구되어 왔기 때문에 실질적으로 1장에서 언급한 인위기원의 미세먼지와는 엄격하게 구분하기 어려운 점이 있다.

1. 도심지 대기의 미세먼지

미세먼지가 주목을 받기 시작하면서 도심지에서 미세먼지의 분포나 거동 등에 대한 비교적 많은 연구가 이루어졌다. 일반적으로 육상에서 관찰되는 미세먼지는 대기 중에 체류되어 있다가 퇴적되는 경로를 거치기 때문에 대기 중 미세먼지 분포, 변화, 거동 등도 함께 다루어진다. 대기 중 미세먼지의 종류나 분포, 농도 등에 관한 연구도 지역에 따라 다양하게 수행되어 왔으며 현재는 세계 주요 도시에서 상시적으로 감시 내지는 모니터링을 하고 있다.

대기 중 미세먼지의 순환, 거동에 대해서도 수많은 연구결과를 볼 수 있다. 특히 대도시에서 대기를 모니터링하기 위해 다양한 방법으로 대기 중 미세먼지의 성분을 알아보고 농도, 분포 등과 더불어 인간의 건강에 미치는 영향까지 미세먼지와 관련된 여러 분야에서 다양하게 연구되고 있다.

가령, 유행(전염)병학적으로 오랜 기간 장기적으로 미세먼지에 노출될 경우 심혈관질환과 호흡질환 등이 유발되며, 전 세계적으로 심폐질환에 의한 사망이 3～5% 정도 차지한다(WHO, 2013). 여기서는 대기에서 미세먼지의 채집과 분석 방법에 대해 전체적으로 살펴보고, 그 결과에 대해서는 몇몇 기존 연구결과를 바탕으로 기술한다.

1.1 도심지 미세먼지의 주요 구성성분

대기 중에는 다양한 기원을 가지는 미세먼지가 존재하며, 이들 미세먼지의 조성(구성성분)은 미세먼지의 크기, 시간 및 장소에 따라 다르게 나타난다. 한편, 입자의 표면 조성은 물질 전달과 표면에서 반응을 통한 대기 화학 변환에 영향을 준다(McMurry, 2000). 도시의 미세먼지는 대부분 인위기원으로 미세먼지 입자수 분포의 최댓값은 입자 크기가 0.1㎛ 미만에서 만들어지며, 입자의 최대 표면적은 주로 입자 크기가 0.1～0.5㎛ 범위에 분포한다. 그러나 입자농도 분포는 1㎛ 미만과 그 이상 되는 조립질 입자 크기로 나뉜다(Endlicher, 2011). 일반적으로 미세먼지의 조성은 크기에 따라 구분되고 있으므로 PM_{10}, $PM_{2.5}$ 및 $PM_{2.5}$～PM_{10}의 크기를 가지는 미세먼지별로 구분하여 다룬다. 유럽의 도시에서 PM_{10}에 대한 조성은 주로 비해염 황산염(non-sea-salt sulfates), 해염(sea salt), 질산염(nitrate)과 암모늄(ammonium), 토양 성분(soil compounds), 원소탄소(elemental carbon), 유기물질(organic matter) 및 미량원소 성분(trace elements)들로 구성된다(표 3-1, Endlicher, 2011).

표 3-1 유럽 도시의 $PM_{2.5}$와 $PM_{2.5}$~PM_{10} 농도에 영향을 주는 화학성분들의 비율(%) (Endlicher, 2011)

	$PM_{2.5}$	$PM_{2.5}$~PM_{10}		$PM_{2.5}$	$PM_{2.5}$~PM_{10}
비해염 황산염 (Non-sea-salt sulfates)	14-31	0.8-6.8	토양 성분(가용성) Soil compounds, water-soluble	1.3-3.3	9.1-22
해염 (Sea salt)	1.1-10	3.5-34	원소탄소 Elemental carbon	5.4-9.0	1.0-5.5
암모늄 (Ammonium)	7.0-9.3	0.1-2.7	유기물질 Organic matter	21-54	9.4-27
질산염 (Nitrate)	1.1-18	3.7-14	미량원소 Trace elements	0.3-1.2	0.4-1.8
토양 성분 (비가용성) Soil compounds, insoluble	1.1-4.2	13-43	기타 Unidentified matter	−6.4* to 21	4.2-23

* 중량법에 의해 계산된 농도가 화학성분 농도의 합에 비해 낮음(Sillanpää et al., 2006).

표 3-1의 화학성분 분석을 총칭하여 전암 화학조성(bulk chemical composition)으로 명명할 수 있는데, 미국 동부와 서부의 전암 분석(bulk analysis)의 경우 주요 구성성분을 요약하면 그림 3-1과 같다(Harrision and Jones, 1995). 표 3-1의 유럽에서 연구결과와 비교를 해보면, $PM_{2.5}$ 농도에 황산염과 유기물질 성분들의 기여도가 높다. 유기물질이 불완전 연소되면 매연이 발생하는데 탄소가 농축된 물질로 $PM_{2.5}$ 형태로 대기에 직접 배출된다(KEITI, 2012). 반면, 황산염의 경우는 수분, 황산화물 및 산화제 등이 복합적으로 작용을 한 가스−입자상 변환에 의해 생성된다(McMurry, 2000). $PM_{2.5}$~PM_{10}의 경우는 광물입자, 즉 토양 성분(비수용성)이 미세먼지 농도에 기여도가 높게 나타난다.

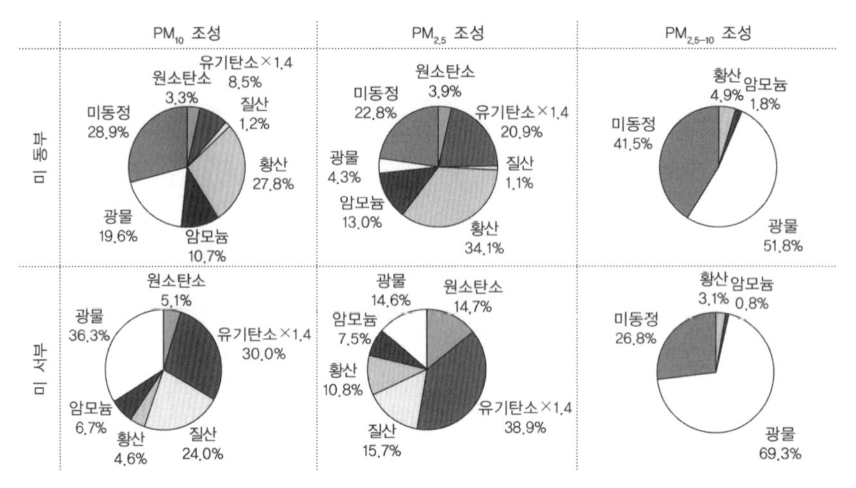

그림 3-1 대기 중 미세먼지의 구성성분(광물입자 및 유기화합물들이 포함되어 있으며 $PM_{2.5}$에는 미동정 상태의 미세먼지도 많이 포함됨)

1.2 도심지 대기의 미세먼지 집진 및 분석 방법

일반적으로 미세먼지의 화학분석을 위한 시료채취 방법은 여지 채취법(filter collection)이 널리 이용되고 있다. 다양한 종류의 공기 흡입기(포집기)를 이용하여 일정한 시간에 대해 공기를 흡입하고 사전에 칭량한 여지를 이용해서 대기 중 미세먼지를 집진한다. 미세먼지 집진 방식으로는 원심력 집진 방식의 사이클론(cyclone)과 관성충돌의 원리(강한 압력차로 공기를 빨아들일 때 큰 운동량을 얻게 된 입자들을 고체나 액체 표면에 충돌시켜 채집하는 원리)에 의한 임팩터(impactor) 방식들이 있다. 임팩터 방식의 대표적인 대기 포집기(aerosol sampler)는 입자를 다단식으로 크기별 채취하는 저용량의 케스케이드 임팩터(cascade impactor)가 있으며, 사이클론 방식은 주로 대용량 포집기에 이용되고 있다. 이 외에 널리 사용되는 여과흡입식 방식이 있다. 다음에 여과흡입식 Sequential 대기 포집기(연속적인 미세먼지 포집기)에 대한 연구사례를 살펴보겠다.

미세먼지 농도 측정 방법으로는 필터에 의한 중량 측정, TEOM(Tapered Element Oscillating Microbalance) 측정기, Beta－감쇄 측정기, 광학 측정기 및 흑연(Black smoke) 등이 있다. 우리나라 수도권 일부에서 사용 중인 TEOM 방식이란 고유 진동수로 발전시킨 검출 소자와 대조 소자 중에 검출 소자의 금속 전극표면에 측정하려는 분진을 포집 퇴적시켜 검출 소자의 질량 증가에 비례하여 진동 주파수가 변하는 것을 검출 소자와 대조 소자 간 진동 주파수의 변위를 측정하여 미세먼지 농도를 구하는 방법이다. 한편, Beta－감쇄 측정이란 미세먼지를 일정시간 여과지 위에 포집하여 베타선을 투과시켜 미세먼지의 중량 농도를 연속적으로 측정하는 방법이다. 이러한 측정 방법 중 중량 측정, TEOM 측정기 및 Beta－감쇄 측정기들이 많이 사용되고 있다(국립환경과학원, 2008).

이기호와 허철구는(2017) 제주도 제주시 도심지역에서 여름과 겨울철에 $PM_{2.5}$의 이온조성 특성에 대해 조사한 바 있는데, 이 연구에서는 sequential 대기 포집기(PMS-103, APM Co.)를 이용하여 분당 16.7리터(16.7L/min)의 공기를 흡입하는 방법으로 시료를 채취하였다. 미세먼지 채취는 테프론 재질의 여지(Zeflour™; 2μm pore size, 47mm diameter, Pall Co.)를 이용하였다. 시료 채취 전 여지는 데이케이터에 보관하고 micorbalance를 이용하여 칭량하며 정전기 방지키드(Mettler, Toledo)를 이용하여 정전기를 방지하도록 한다. 시료 채집 후에는 분석이 마무리될 때까지 2차적 오염을 방지하기 위하거나 시료의 훼손(휘발성 성분의 손실)을 방지하기 위해 여지를 -20℃에서 보관한다.

부산에서 수행된 $PM_{2.5}$의 기원별 비교 연구에서도 유사하게 시료 채취가 수행되었다(Jeong et al., 2017). 이 연구에서도 제주도에서 실시한 시료 채취와 동일한 Zefluor™ 여지를 이용하여 48시간 동안 시료를 채취하였다. 분석된 시료에 대해서는 이온 크로마토그래피(ion chromatography, ICS-2000, Dionex, USA)를 이용하여 8종의 가용성(water-soluble) 이온성 성분(Cl^-, NO_3^-, SO_4^{2-}, NH_4^+, Na^+, K^+, Ca^{2+}, Mg^{2+})들을 측정하였다. 또한 동일 시료에 대해서 28종의 미량 원소(Si, K, Ca, Sc, Ti, V, Cr, Mn, Fe, Co, Ni, Cu, Zn, As, Se, Br, Rb, Sr, Mo, Cd, Sn, Sb, Te, Cs, Ba, Hg, Pb, Bi)를 Energy-Dispersive X-Ray Fluorescence(ED-XRF)를 이용하여 측정하였고, 47mm 석영필터(Tissuquartz 2500QAT-UP, PALL, USA)에 의해 채집된 유기탄소(OC), 원소탄소(EC; elemental carbon)는 OCEC기기에 의해 분석되었다(Jeong et al., 2017). 2013년 부산에서 대기 중 미세먼지를 포집하여 분석한 결과를 다음 표 3-2에 나타냈다.

표 3-2 2013년 부산에서 채집된 미세먼지의 분석 방법 및 결과(Jeong et al., 2017)

화학종	분석 방법	평균	중간값	표준편차	최소	최댓값	Valid (%)	BDL (%)	Missing (%)	S/N
		$\mu g/m^3$ or ng/m^3								
$PM_{2.5}$	IC 분석	26	23	15	6	74	100	0	0	5.4
Cl^-		0.1	0.1	0.2	0.00	1.1	99	0	0	0.5
NO_3^-		3.0	1.0	3.7	0.01	14.6	100	0	0	4.4
SO_4^{2-}		8.0	6.9	5.8	0.97	26.9	100	0	0	7.6
Na^+		0.2	0.2	0.1	0.02	0.9	99	0	0	2.3
NH_4^+		3.6	3.3	2.6	0.33	12.2	100	0	0	5.4
K^+		0.1	0.1	0.1	0.00	0.7	99	0	0	0.9
Mg^{2+}		0.02	0.01	0.02	0.00	0.1	95	5	5	1.1
Ca^{2+}		0.05	0.04	0.04	0.01	0.2	99	1	1	0.0

표 3-2 2013년 부산에서 채집된 미세먼지의 분석 방법 및 결과(Jeong et al., 2017) (계속)

화학종	분석 방법	평균	중간값	표준편차	최소	최댓값	Valid (%)	BDL (%)	Missing (%)	S/N
		$\mu g/m^3$ or ng/m^3								
OC	OC/EC 분석기	4.0	3.4	2.1	0.60	10.8	100	0	0	8.7
EC		1.3	1.1	0.8	0.16	4.3	100	0	0	6.7
ng/m^3										
Si	XRF 분석	428	252	519	18	3336	99	0	0	7.7
S		4261	3814	2731	616	13.570	100	0	0	9.0
K		295	241	207	38	932	100	0	0	8.9
Ca		85	51	115	11	793	98	0	0	8.4
Sc		3.1	2.8	2.4	0.2	9.3	47	53	0	0.4
Ti		10.8	7.9	10.7	1.7	71.9	98	0	0	6.8
V		8.3	5.6	8.7	0.3	48.3	98	1	1	6.7
Cr		15.1	10.2	15.8	1.1	90.2	54	45	0	4.1
Mn		25.0	21.1	15.0	1.6	68.6	100	0	0	8.8
Fe		244	188	177	32	1033	99	0	0	9.0
Co		0.8	0.6	0.6	0.1	2.3	44	56	0	1.2
Ni		4.4	3.9	3.1	0.2	15.0	95	5	5	6.7
Cu		10.0	8.8	7.2	1.2	46.7	98	1	1	5.1
Zn		92	77	58	13	409	99	0	0	8.9
As		5.7	4.2	5.1	0.1	28.0	49	49	0	3.3
Se		2.6	2.1	2.2	0.02	9.8	80	20	18	3.6
Br		5.7	5.2	3.1	0.8	16.5	95	5	5	8.2
Rb		1.2	1.2	0.8	0.02	3.0	59	41	0	3.6
Sr		2.2	1.9	1.7	0.1	9.8	82	17	17	6.0
Mo		2.9	2.8	2.0	0.1	7.4	68	32	0	4.4
Cd		3.1	2.5	2.7	0.1	11.3	51	49	0	3.2
Sn		4.4	3.9	3.1	0.4	13.5	48	52	0	4.3
Sb		5.7	5.2	3.9	0.9	18.6	62	38	0	4.7
Te		11.2	10.0	8.0	0.3	38.3	41	59	0	3.7
Cs		11.2	9.0	8.7	0.1	40.1	47	53	0	3.6
Ba		23	19	15	0.3	67	74	26	26	6.3
Hg		3.9	3.2	2.6	0.2	12.2	53	47	0	2.1
Pb		30	27	20	1.3	81	100	0	0	8.1
Bi		1.8	1.6	1.3	0.03	4.5	49	51	0	2.3

2. 내륙지역 육상의 미세먼지

육상퇴적물에 대해서도 다수의 미세먼지 연구가 존재한다(예, Reynolds et al., 2001; Zhang et al., 2016). 육상퇴적물에 대한 연구는 기본적으로 기반암(bedrock)에 대한 화학적 원소들의 차이로 설명되는 게 일반적이며, 무기화학 원소의 상대적인 농도변화를 이용해서 생태계의 영향을 판단하는 것과 결부되어 연구되고 있다. 과거 바람에 의한 육상의 먼지폭풍은 아시아와 유럽을 연결하는 고대 실크 로드(Silk Road) 문명에, 그리고 오늘날에는 전 지구적 복사에너지 및 기후변화에 영향을 주고 있다. 따라서 육상의 미세먼지 기원, 대기의 이동 및 침적은 토양 형성뿐만 아니라 대기질(air quality)과 관련하여 중요하게 인식되고 있다(Zhang et al., 2016).

표 3-3 육상 사막지역의 먼지 침적량(Zhang et al., 2016)

지역	위치	기간	먼지 침적량(t km^{-2} yr^{-1})
아메리카	캔자스주, 미국	1964-1966	53.5-62.1
	뉴멕시코주, 미국	1962-1972	9.3-125.8
	애리조나주, 미국	1972-1973	54
유럽	스페인	2002-2003	17-79
아프리카	나이지리아	1976-1979	137-181
	니제르	1985	164-212
	리비아	2000-2001	420
오세아니아	호주	2000-2001	5-100
아시아	이스라엘	1968-1973	57-217
	쿠웨이트	1982	2600
	사우디아라비아	1991-1992	4704
	란저우, 중국	1988-1991	108
	황투고원, 중국	2003-2004	133
	우루무치, 중국	1981-2004	284.5
	이란	2008-2009	72-120
	우즈베키스탄	2003-2010	8365

지구 표면으로부터 발생되는 먼지 양은 연간 2,000Mt으로, 이 중 75% 정도가 육상에, 25% 정도가 해양으로 침적된다(Shao et al., 2011). 육상의 먼지 침적은 아시아 지역에서 가장 많으며, 특히 아랄해(Aral Sea) 분지의 침적량은 8365t km^{-2}로 가장 높다(표 3-3). 중앙아시아 기원의 먼지 이동은 지역적 대기질에 영향을 주며, 전 지구적 먼지 순환에 큰 기여를 한다(Zhang et al., 2016).

2.1 육상의 미세먼지 구성성분

육상 사막지역에서 모래입자의 구성성분은 토양에 함유되어 있는 Si, Fe, K, Ca 성분들뿐만 아니라 미량의 Cu, Zn, Sr, Pb 등의 원소들이 포함되어 있다. 특히 지각암석(세일: shale, 석회암: limestone)의 S 및 Cl 성분들도 포함되어 있다(Mazzeo, 2011). 하지만 육상의 사막지역에서 이동되어온 자연적 미세먼지들은 대기 중의 인위 미세먼지들과 혼합이 된다. 토양 입자 표면에 인위 성분의 흡착은 2차적인 오염물질을 만들며, 특히 구름응결핵(cloud condensation nuclei: 구름이 형성될 수 있도록 중심 역할을 하는 입자상 물질) 역할을 한다(Pan et al., 2017).

2.2 육상의 먼지 침적과 미세먼지 집진 방법

육상의 먼지 침적량 계산은 중량법을 사용한다(Zhang et al., 2016). 유리 실린더(직경 0.15m, 높이 0.3m) 안에 에틸렌글리콜(ethylene glycol)을 담아 자유낙하하는 먼지를 집진한다. 이 에틸렌글리콜 액체는 0°C 이하로 증발을 최소화한다. 유리 실린더는 수직적으로 지상 10m 높이의 타워에 설치한다. 먼지 침적량은 실린더 안의 내용물을 105℃에서 건조 후 무게를 측정하여 계산한다.

육상의 미세먼지 포집은 앞서 도심지 미세먼지에서 설명하였듯이 널리 사용되는 여과흡입식 방식을 사용한다. 미세먼지 포집을 하면서 바닥으로부터 영향을 최소화하기 위해 대기 포집기는 바닥으로부터 1.5m 이상 이격시켜 설치를 한다. 이 외 내륙지역 육상퇴석물에서는 관심이 되는 내륙에 포집기를 설치하고 모래폭풍이 일어나거나 주변 식생과의 관계, 부유물질의 이동 등을 파악하기 위해 조사하고 있다. 이들 타워는 높이가 50미터에 달하며, 바람방향에 따라 포집기를 설치한다(그림 3-2, Zhan et al., 2017).

그림 3-2 모래폭풍 관찰을 위해 설치된 타워(Zhan et al., 2017)

기존 연구에 의하면 그림 3-2의 타워는 각각 사막과 오사시스(Oasis)의 경계 부분, 그리고 오아시스에 설치되었는데(왼쪽부터), 모래폭풍으로 발원된 먼지가 사막에서 어떻게, 어떤 방향으로 이동되어 가는지를 관찰하기 위해 공간적인 위치를 고려하여 설치되었다. 설치된 거리는 사막에서 오아시스의 끝단까지가 4.8km, 다시 여기에서 오아시스까지가 3.5km 정도 떨어져 있다. 또한 각각의 타워에는 높이를 다르게 하여 13개의 위치에 포집기를 설치하여 수직적으로 먼지의 수송량이 어떻게 차이가 나는지를 조사한다. 포집기가 설치된 높이는 지상으로부터 1, 5, 9, 13, 17, 21, 25, 29, 33, 37, 41, 45, 49미터의 높이다. 또한 사막 모래입자 포집기(DES1, Changchun, China)는 수평적으로 사질먼지(sand dust)가 어떻게 이동되는지를 알아보기 위한 것으로 풍속과 사질먼지 포집을 동시에 측정할 수 있도록 고안되었다(그림 3-3, Zhan et al., 2017).

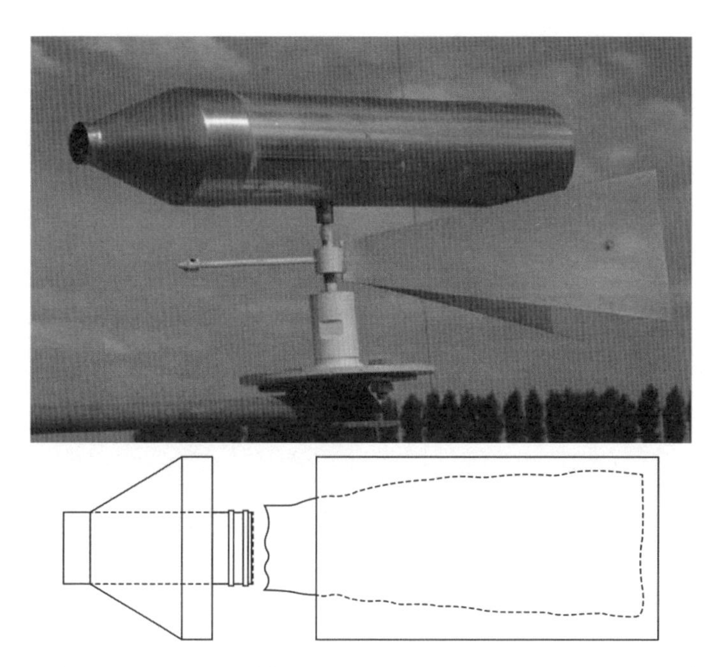

그림 3-3 사질 부유물질을 포집하기 위한 포집기(Zhan et al., 2017)

3. 해양의 에어로졸

전 지구적인 해양-대기의 시스템에서 대기가 갖는 중요한 역할 중 하나가 해양으로 물질을 공급하는 것이다. 이러한 물질 공급은 해양의 화학적 및 생물학적 프로세스에 영향을 준다(Kang et al., 2009, 2010). 해양 에어로졸의 물리 및 화학적인 특성은 시공간적으로 매우 다양하다. 일반적으로 온실가스의 경우는 대기 중 체류시간이 수개월에서 수년인 반면, 에어로졸은 상대적으로 수일에서 수주 정도로 짧다. 그 결과 에어로졸의 기원, 기상조건 및 대기 순환(이동과 침적) 등에 따라 에어로졸의 농도, 구성 및 물리적인 특성이 크게 변한다(Kang et al., 2013).

해양 에어로졸의 입자 크기는 주로 10~20μm 범위에 속한다. 이보다 큰 입자의 경우는 육상의 기원지로부터 해양으로 장거리 수송이 어렵다(예를 들어서, 단일 밀도의 입자 크기 20μm의 경우 침강 속도는 1.2cm s^{-1}, 대략 1km/day). 에어로졸은 크게 직접적인 배출에 의한 1차 생성 에어로졸(primary aerosol)과 대기 중 가스와 반응하여 만들어지는 2차 생성 에어로졸(secondary aerosol)들로 구분할 수 있다. 1차 생성 에어로졸로는 해염입자(sea salt), 토양입자(mineral dust), 그을음(soot) 및 식물성 왁스(plant waxes) 등이며, 주로 물리적인 기작으로 만들어지기 때문에 보통 입자 크기가 1μm 이상이다(그림 3-4). 반면에 2차 생성 에어로졸은 수분, 가스상의 물질 및 다른 입자들과 반응을 하여 만들어지기 때문에 보통 입자 크기가 0.1~1μm인 초미세먼지에 해당된다(그림 3-4). 그림 3-4에서 보듯이 해양의 에어로졸은 여러 기작에 의해 만들어지면서 1차 생성과 2차 생성 기작이 동시에 작용을 하고, 이 과정에서 서로 다른 특성을 갖는 구성성분들이 혼합되기 때문에 에어로졸의 화학적 및 물리적 특성이 다양해진다(Gianguzza et al., 2002).

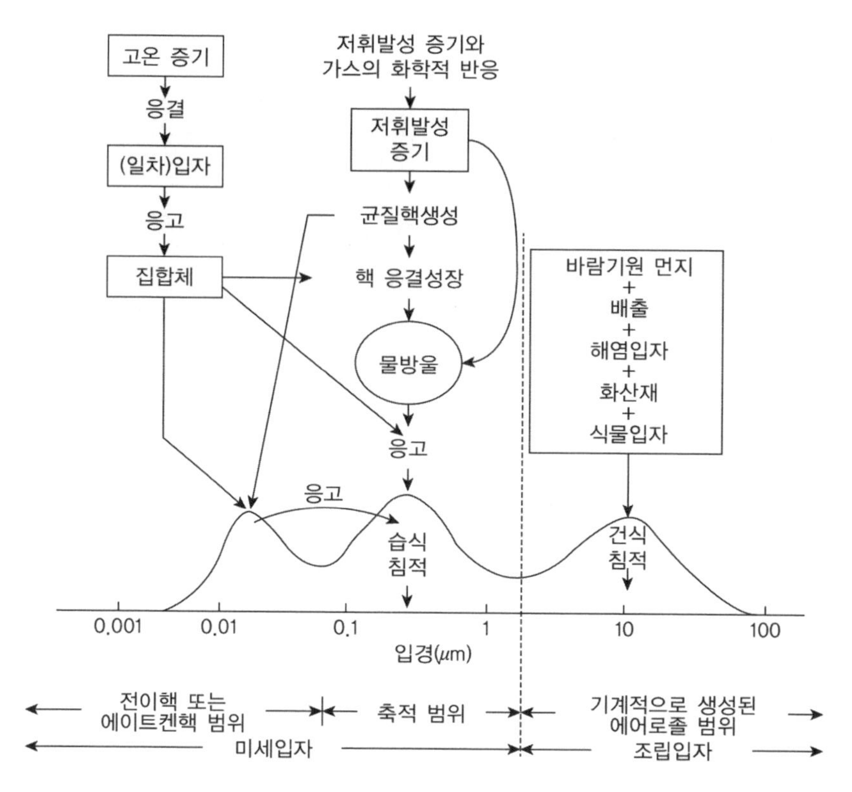

그림 3-4 해양 에어로졸의 입자 크기별 구분, 기원 및 생성기작(Gianguzza et al., 2002)

해양 에어로졸의 농도 분포는 1) 육상에 가까운 해역에서 농도가 높은데 이는 해양 에어로졸의 특성이 육상의 배출 특성에 국한됨을 가리킨다. 2) 육상의 다양한 기원지에서 배출 특성과 기상 조건에 따른 계절적인 차이를 보인다. 특히, 3) 아프리카와 아시아의 사막지역으로부터 불어오는 토양 먼지들은 시공간적인 해양 에어로졸의 농도 분포에 영향을 준다(그림 3-5, Gianguzza et al., 2002). 그림 3-5에서 보듯이, 해양 에어로졸은 북반구의 오염물질 및 토양 먼지의 영향을 많이 받고 있으며, 기후변화와 해양 생지화학적 측면에서 중요하게 인식되고 있다.

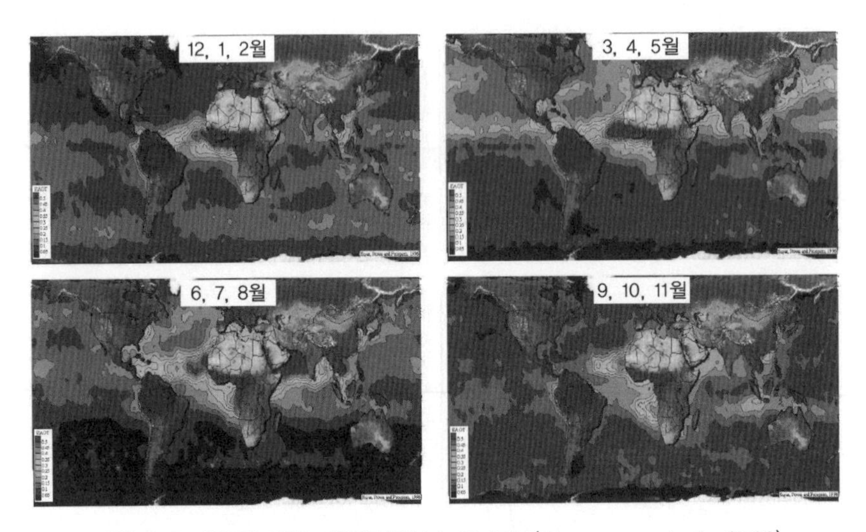

그림 3-5 대류권 해양 에어로졸의 농도 분포(Gianguzza et al., 2002)

3.1 해양 에어로졸의 구성성분

기후변화와 해양 생지화학 과정을 이해하기 위한 해양 에어로졸의 구성성분 파악은 중요하다. 이와 관련된 주요 구성성분과 이들 성분들의 역할은 다음과 같다.

1) 해염입자

해염입자는 빛을 산란시키는 성분 중 하나로 구름응결핵에 중요한 요소이다. 또한 넓은 표면적으로 인해 다른 물질들과 상호작용이 일어나게 하고 그 결과 그러한 물질들을 침적시키는 역할을 한다.

2) 비해염 황산염

비해염 황산염은 복사에너지와 구름 형성과정에 중요한 역할을 한다고 보고되었다. 암모늄 성분과 함께 에어로졸 및 강우의 pH를 조절하며 해양 생물에 의한 DMS(dimethyl sulfide)의 산화와 육상의 오염원과 결합하여 대기로 이동된다.

3) 질산염과 암모늄

주로 인간 활동에 의해 발생되는 성분들로 해양에 영양염류로 공급된다. 따라서 해양에서 일어나는 1차 생산의 중요한 요인이 될 수 있다.

4) 토양 먼지

해양 에어로졸의 주요한 성분이며 해양퇴적물의 중요한 공급원이다. 특히 토양의 철 원소는 해양 생산성에 중요한 제한 영양요소로 작용하기 때문에 궁극적으로 먼지 순환은 전 지구적 해양 탄소 순환에 중요한 요소이다. 생물생산의 변동은 대기 중 이산화탄소를 흡수하는 역할을 하기 때문에 장기적 관점에서 해양과 대기 간 탄소수지에 큰 영향을 준다. 이 외에 유기물질(블랙카본) 또한 중요한 성분이다(Gianguzza et al., 2002).

표 3-4에 해양 에어로졸의 주요 성분들의 농도를 정리하였다. 토양 먼지 성분의 농도는 넓은 범위를 가지는데 육상의 사막지역에서 바람에 의해 이동되어 침적되는 해역(북대서양 열대 및 북태평양 서부)에서 농도가 높으며, 상대적으로 북태평양 중부 해역(Shemya, Midway, Oahu)에서는 농도가 낮다. 특히 남대양(southern ocean)에서는 토양 먼지 이동이 제한적이어 농도가 매우 낮다. 다른 한편, 비해염 황산염과 질산염 등 오염기원 물질들의 농도는

서태평양의 아시아 연안 지역에서 높다. 마찬가지로 북아메리카와 유럽 등에서 불어오는 오염물질로 인해 북대서양 해역(Bermuda, Mace Head)에서 높은 농도를 보인다. 이와는 반대로 남태평양과 남극 등에서는 오염의 영향이 적은 자연적인 환경 조건을 보여준다(Gianguzza et al., 2002).

표 3-4 해양 에어로졸의 연평균 농도(Gianguzza et al., 2002)

정점	정점위치[a]		나트륨	해염[b]	질소	비해염 황산염	메타설 폰산	암모늄	알루미늄	먼지[c]	바나듐	스티븀	총[d]
	위도	경도	평균	평균	평균	평균	평균	평균	평균	평균	평균	평균	
	°N	°E	μgm^{-3}	μgm^{-3}	μgm^{-3}	μgm^{-3}	μgm^{-3}	μgm^{-3}	μgm^{-3}	calc	μgm^{-3}	μgm^{-3}	μgm^{-3}
북태평양													
서태평양													
제주	33.5	126.5	3.07	19.76	4.12	7.23	34.75	2.95	1.24	15.47	4.09	2.35	49.5
오키나와	26.9	128.3	7.10	23.11	1.80	4.16	19.80	1.07	0.79	9.84	2.08	1.63	40.0
타이완	21.9	120.9	5.57	18.14	1.93	4.05	11.34	1.31	0.30	3.77	1.85	0.80	29.2
홍콩	22.6	114.3	3.01	9.79	3.03	7.41	23.11	2.79	1.05	13.13	6.20	2.05	36.2
태평양 중앙													
심야	52.9	174.1	20.72	67.47	0.20	0.33	58.56	0.13	0.11	1.33	0.50		69.5
미드웨이	28.2	−177.4	4.23	13.77	0.27	0.53	20.32	0.07	0.06	0.72	0.19	0.07	15.4
오아후섬	21.3	−157.7	4.65	15.14	0.35	0.51	18.93	0.03	0.05	0.66	0.26	0.03	16.7
북대서양													
헤이마에이, 아이슬란드	63.4	−20.3	8.79	28.62	0.23	0.65	38.37	0.38					29.9
Mace Head, 아일랜드	53.3	−9.9	4.34	14.13	1.49	2.03	50.51	0.91	0.04	0.47	0.93	0.14	19.0
테네리페섬	28.3	−16.5	0.38	1.25	0.77	0.92	4.58	0.33	1.78	22.28	2.86	0.08	25.5
버뮤다	32.3	−64.9	4.19	13.65	1.06	2.19	35.12	0.31	0.45	5.59	1.28	0.09	22.8
바베이도스	13.2	−59.4	5.08	16.53	0.53	0.78	19.70	0.11	1.16	14.55	1.85	0.03	32.5
남태평양													
사모아	−14.3	−170.6	5.14	16.74	0.11	0.37	22.90		0.11	0.02	0.07	0.00	17.2
남극													
모슨	−67.6	62.5	0.10	0.33	0.03	0.09	22.90	0.00					0.5
팔머기지	−64.8	−64.1	1.20	3.91	0.02	0.10	48.80	0.02					0.4

a 정점위치 : 위도＝남반구 : 경도＝서반구.
b 해염은 나트륨 농도에서 계산했다(해수 중 해염/나트륨 비는 3.256).
c 먼지는 지각물질에 평균적으로 약 8% 정도가 포함된다는 가정하에서 Al 농도로 계산되었다.
d 전체 에어로졸 함량은 해염, 토양먼지, SO_4, NO_3, NH_4를 합친 것.

우리나라에서는 2000년대 들어 처음으로 동해에서 생지화학 이해를 위해 해양 에어로졸 관측이 이루어졌다(Kang et al., 2009, 2010, 2011). 금속성분의 농도와 화학적 구성은 토양과 인위적 기원 에어로졸의 상대적인 세기와 관련한다. 토양기원의 에어로졸은 황사에 의해 봄철(3~4월)에 주로 발생하며, 겨울철(12~1월)에는 난방에 따른 오염성분이 배출되고 있다. 대기의 가용성 이온성분(NO_3^-, NH_4^+, nss-SO_4^{2-})의 농도는 중국 동부 지역으로부터 천천히 이동되는 기단의 움직임과 함께 증가하였다. 이러한 경우 가스상 NH_3와 HNO_3의 반응에 의해 만들어진 질산암모늄(NH_4NO_3)을 통해 대기의 NH_4^+와 NO_3^-들에서 상호 양의 상관관계를 보였다. 이 외에 NO_3^-는 해염입자와 반응하여 $NaNO_3$ 형태로 이동되며, NH_4^+는 부분적으로 황산암모늄($(NH_4)_2SO_4$)과 황산수소암모늄(NH_4HSO_4) 화학구조를 보인다. 결과적으로 동해 해역은 동아시아 몬순 시스템을 통해 많은 양의 토양성분 미세먼지와 인위적인 성분들이 침적되고 있다.

3.2 해양의 미세먼지 집진과 분석 방법

미세먼지는 바람이나 기류에 편승에서 먼 거리까지 이동된다. 도시지역에서도 발생지역과 그와는 다소 떨어진 농촌지역에서 미세먼지 농도는 큰 차이를 보이지 않은 것으로 보고되었다. 즉, 도시지역이나 그 외 일부 발생지역으로부터 미세먼지는 바람 등에 의해 쉽게 이동되어 혼합이 쉽게 이루어지기 때문이다. 최근에는 도심지에서 미세먼지의 농도나 성분을 조사하는 것과는 별개로 장거리를 이동하는 미세먼지를 조사하기 위해 정기화물선이나 대형 연구선이 항해할 때에 미세먼지 집진장치를 선상에 설치하고 미세먼지를 채집, 분석하는 경우가 많다. 또한 이런 목적으로 연구선에서 활용하기 쉬운 집진장치를 상용화하고 있다(그림 3-6).

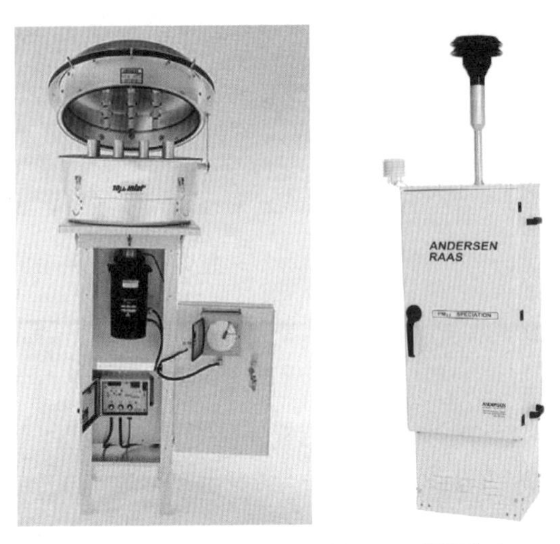

그림 3-6 Andersen사의 미세먼지 포집기. PM_{10}(왼쪽)과 $PM_{2.5}$(오른쪽)

선박을 이용하여 해양에서 미세먼지를 채취할 때는 대용량 포집기를 권장한다. 이는 대기의 미세먼지 농도가 낮기 때문에 충분한 양의 시료가 필요하기 때문이다. 도심지역에서와 달리 해양 에어로졸의 분석을 위한 집진은 장기간 여지를 대기에 노출시켜야 하므로 오염이 되지 않도록 주의해야 한다. 일반적으로 여지는 Whatman 41(W41)을 사용을 하며, 산처리(acid-cleaned)를 통해 낮은 배경농도(background concentration)를 유지한다. W41 여지의 특징은 0.2μm 크기 입자에 대해서 95%, 그리고 토양 먼지에 대해서는 99%로 집진 효율성이 높다(Winton et al., 2016).

선박에서 해양 미세먼지를 채취할 때 중요한 점은 선박 배출에 의한 오염을 최소화하는 것이다. 일반적으로 채취 방법으로는 선박이 운행 중일 때 대기 포집기를 가동시켜 시료를 채취하는 것이다(예, Kang et al., 2009). 또는 요즈음 상업용으로 나오는 포집기에는 바람의 방향과 속도를 사용자가 선택할 수가 있다. 가령 선박을 중심으로 좌우 90° 방향과 바람의 속도가 2m s^{-1} 이상일 때 포집기가 가동될 수 있도록 옵션을 정할 수가 있다.

미세먼지 채취 후 실험실 분석을 하기 전 여지는 4℃에서 화학적 안정화를 위해 보관한다. 실험실에서 이루어지는 화학분석으로는 이온성분, 금속성 원소 및 탄소 성분 분석 등이 있다. 이온성분과 가용성 금속성 원소들의 농도는 탈이온수(deionized water)를 이용한 추출 용액을 각각 이온크로마토그래피(ion chromatography) 및 유도 결합 플라즈마 질량 분석기(inductively coupled plasma mass spectrometer, ICP-MS) 등을 사용하여 분석한다. 특히, 금속성 원소의 총 농도 분석을 위한 실험기구의 세척 및 시약 등은 초순수 산을 사용해야 한다(Li et al., 2016; Winton et al., 2016).

4. 해양퇴적물의 미세먼지

해양퇴적물에는 다양한 기원을 가지는 물질들이 여러 경로를 통해서 퇴적되는 것으로 판단된다. 기원적으로는 크게 생물기원(biotic)물질과 무생물기원(abiotic)물질로 나눌 수 있다. 생물기원은 현장에서 해양생물의 활동으로 형성되고 침전된 것으로 플랑크톤 파편(plankton debris), 알(eggs), 배설물(fecal) 마린 스노우(marine snow) 등이다. 그렇지만 일부는 무기물이 포함되는 경우도 있다. 이들은 크기에 있어서 100～1000μm 정도로 비교적 침강속도가 빠른 것으로 보고되고 있으며, 수층에서 물질이동의 근간을 이루고 있다(Wakeham and Lee, 1989). 그러나 이 생물기원 침강물질은 크기에 있어서 매우 크기 때문에 일부 무기물이 포함되어 있다고 하더라고 이 책에서 다루는 미세먼지와는 무관한 것이다.

수계에는 1~100μm 범위의 부유물질이 많이 존재한다. 이들은 수층에서 체류시간이 길고 침강속도가 매우 느리지만 전체적인 물질이동, 혹은 침강하는 입자의 중요한 부분이 된다. 주로 유, 무기물질의 작은 입자이며 재부유된 물질이나 육성기원 쇄설성 미립자, 대기를 통해 들어오는 미립자(aeolian input) 등이 여기에 속한다. 이 미세입자 크기에 있어서 미세먼지 크기에 해당하는 것이 많은 만큼 이 책에서 다루는 미세먼지와 관련이 있다고 판단된다(Wakeham and Lee, 1989).

전통적으로 해양퇴적물에 대한 미세먼지(본 장에서는 부유입자, suspended particulate matter-SPM)는 중금속 오염과 관련되어 연구되어 왔다(예 : Loring and Rantala, 1992). 1990년대 초기에는 퇴적물이나 부유퇴적물의 주요 성분을 조사하면서 입자 크기나 주요원소 및 미량원소, 생물기원 입자들의 함량 등을 조사하고 그 시료채취나 분석 방법에 대해 논의하는 단계였다. 또한 그 당시는 대기로부터 유입된 유기화합물이나 미세먼지에 대한 연구가 시작된 시기이기도 한다. 전체 퇴적물 중에 우리가 사용하는 디젤엔진이나 연소에 의해 발생되는 유기화합물 기원의 미세먼지와 더불어, 산업화에 기인한 2차적인 오염원(질산염, 황산염 등)들에 대한 연구가 본격적으로 시작되었다(Schauer et al., 1996).

4.1 전암 퇴적물(bulk sediment)에서 미세먼지 추정

일반적으로 해양퇴적물에 포함된 미세입자 중 일부는 대기를 통해 유입된 토양 먼지들이다. 사하라 사막이 전 지구적 토양 먼지 발생량의 40~60%를 차지하며, 그다음으로 사우디아라비아에서 중국의 황토고원에 이르는 토양 먼지 벨트가 기여하고 있다(그림 3-7, Roberts et al., 2011). X-레이 회절분석(XRF) 등을 이용한 퇴적물 조사결과, 미세먼지 크기의 점토질(clay, <2μm)이나 실트질(silt, 2~20μm) 크기의 입자들이 대기를 통해서 태평양 퇴적물로 축적되는 것으로 확인되었다(Leinen et al., 1994). 동해는 중국의 사막과 황토고원 등에서 불어오는 토양 먼지의 영향을 많이 받는 해역이다. Nagashima et al. (2007) 연구팀은 동해 쇄설성(detrital)퇴적물의 토양 먼지 입자 크기가 2~15μm 스펙트럼에 분포하고 있음을 밝힌 바 있다.

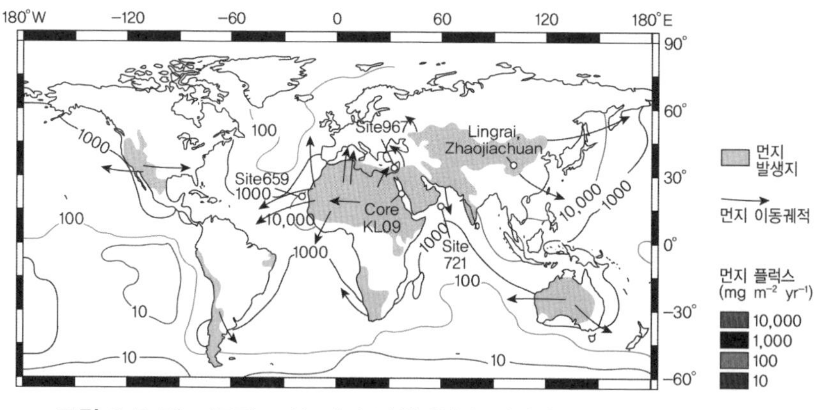

그림 3-7 전 지구적 토양 먼지 발생지역과 해양의 먼지 플럭스 분포도 (Roberts et al., 2011)

위와 같은 관점에서 보면, 해양의 토양기원 미세 입자의 크기는 일반적으로 1~20μm 스펙트럼을 보이며, 부유물질 및 퇴적물들에서 같은 범위의 입자들이 분포된다(Stuut et al., 2005). 하지만 기존의 연구결과를 살펴본다면 Trieste만에서 부유물질의 구성은 가수분해가 가능한 탄수화물류가 약 5%, 단백질이 약 2%, 지질이 1% 내외로 유기물을 함유하는 것으로 나타났다. 또한 총 입자성 유기물(POM; particulate organic matter) 중에는 다량의 육원성 난분해 미세물질이 많이 포함되어 있다(Posedel and Faganeli, 1991). 그리고 퇴적과정에서 해류에 의한 세립질 입자들이 이동됨에 따라 토양 먼지의 입자 크기 스펙트럼이 대기 중에 있을 때와 차이를 보일 수 있다. 따라서 해양 코아 퇴적물에서 토양 먼지에 관한 연구를 할 때, 화학성분 조성, 광물 구성 및 입자의 물리적 특성 분석이 병행되고 있다(Stuut et al., 2005; Nagashima et al., 2007; Larrasoaña et al., 2008).

한편, 해양 지질학적 관점에서도 육상에서 발원한 토양기원 물질이 해양에 퇴적되고, 그 퇴적되는 양을 계산하는 방법으로 바람의 세기, 공급량의 변화, 대륙의 건조 정도 또는 이와 같은 항목들을 전부 고려하여 기후변화까지를 해석하는 연구가 많이 수행되었다(Stuut et al., 2009; Maher et al., 2010). 부록인 황사 편에서 이 부분에 대해 구체적으로 언급하겠지만, 이 장에서는 이와 관련된 기존의 연구사례를 간단히 살펴보기로 한다.

4.2 미세먼지 입자 크기의 황사입자에 대한 기존 연구사례

이 절에서 논하는 내용은 1990년대 초기에 대기에 부유하는 에어로졸과 관련된 초기의 연구사례이다. 인위기원 미세먼지 개념과는 다르지만 육원성 물질의 채집, 이동 등에 대한 기존 연구결과를 중심으로 살펴보기로 한다. 최근에는 대기 중 미세먼지에 관한 집진기술 및 분석기술에 상당한 진전이 있지만, 여기에서 다루는 것은 이해를 돕기 위해 초기단계의 연구사례를 언급하기로 한다.

에어로졸 집진 및 분석

이 연구에서 사용된 시료는 심해굴삭선 Glomar Challenger에 장착된 1m^2 나일론 망사 채집기로 수행되었다. 시료채취는 심해굴삭 프로그램이 수행되는 기간 중 1977~1979년 동안 동태평양과 서태평양에서 수행되었으며 평균 집진 시간은 약 56시간으로 24개 시료가 채취되었다(그림 3-8).

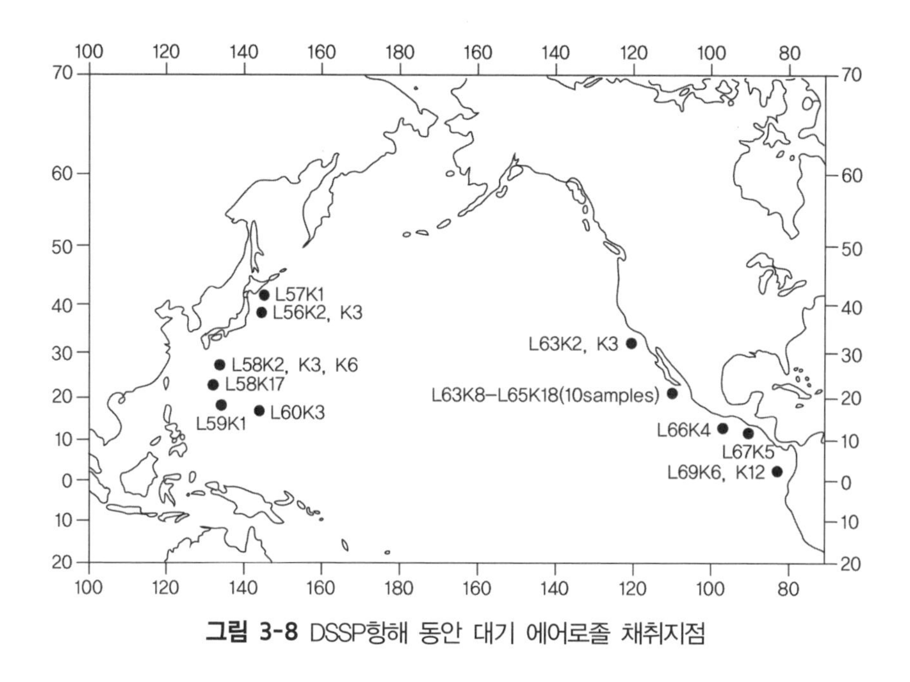

그림 3-8 DSSP항해 동안 대기 에어로졸 채취지점

채집기는 연구선 선상 돛대의 양쪽에 설치되었으며 채집망은 파도에 영향받지 않도록 했으며 대기에 부유하는 에어로졸이 잘 흡착될 수 있도록 채집망을 촉촉하게 습윤해진 상태로 유지했다. 또한 채집망은 배가 전진할 때 양호한 조건, 즉 비나 안개에 영향받지 않도록 배치되었다(Leinen et al., 1994). 분석하기에 충분한 양의 시료가 채취되었고, 집진된 시료에 대해서

는 XRD(X-ray diffraction)분석을 위한 전처리 과정을 거친다. XRD분석을 하기 전 시료의 훼손이 되지 않도록 전처리 과정을 하게 되는데, 이온화된 증류수에 의해 필터에 흡착된 에어로졸 입자를 분리시키는 단계가 우선이다. 간단하게 전처리 과정을 요약하면 아래와 같다.

① 채집망에 흡착된 에어로졸(먼지)을 훼손되지 않도록 증류수로 분리시킨다.
② 분리된 시료는 잘 건조된 폴리에틸렌 바이얼(polyethylene vial)에 저장한다.
③ 전체 시료량은 약 1.25~2.18g 정도인데, 이들 시료에 대해 물체질 방법으로 20㎛ 이하의 시료를 분리하고, 이들 시료 중의 입자들이 이동 중에 뭉쳐지지 않고 완전히 떨어지도록 초음파 진동기(ultrasonic probe)를 사용한다.
④ 이들 시료에 대해 다시 Stokes의 침강법을 이용하여 2㎛ 크기의 입자를 분리한다. 침강법을 이용한 입자분리는 입자의 크기에 따라 다르지만 효율이 좋은 것으로 나타났다.
⑤ 이렇게 모아진 200~500mg의 시료는 이온화 증류수로 분산(dispersed)시킨 후, $MgCl_2$ 용액으로 포화(saturated)되게 한다.
⑥ 시료는 2㎛보다 작은 입자와 2~20㎛의 입자들로 구성된 시료로 구분(2개의 시료군)한 후 XRD(Phiips Norelco X-ray diffractometer)로 광물분석을 한다.
⑦ XRF분석 결과 각각의 광물에 따라 나오는 피크(peak)가 정해져 있으므로, 최종적으로는 피크 면적을 함량(%)으로 전환하여 각 광물이 들어 있는 함량을 계산한다. 이 연구에서 얻어진 광물은 점토광물류로 석영(quartz), 사장석(Plagioclase), 일라이트(Illite), 카오리나이트(Kaolinite), 클로라이트(Chlorite) 등이다(Leinen et al., 1994).

두 개의 시료군에 대한 분석결과를 표 3-5에 표기해본다.

표 3-5 선상에서 채집된 미세입자에 대한 광물분석 결과(예, Leinen et al., 1994)

시료	점토질 크기 광물의 중량(%)						실트질 크기 광물의 중량(%)					
	석영	사장석	스멕타이트	일라이트	카올리나이트	클로라이트	석영	사장석	스멕타이트	일라이트	카올리나이트	클로라이트
서태평양												
L56K2	9.9	13.9	0.8	32.3	20.5	3.0	24.9	21.4	16.6	28.4	6.5	2.2
L56K3A	9.1	10.8	1.5	45.5	11.4	2.1						
L56K3B	10.5	8.4	1.9	43.9	13.4	2.3						
L57K1	11.4	13.8	1.4	35.1	16.4	2.3	32.1	20.9	0.7	35.4	6.9	4.0
L58K2A1	10.3	9.6	0.0	42.4	15.4	2.7	17.7	24.0	0.8	43.2	9.4	4.9
L58K2A2	11.9	10.7	0.2	40.5	14.3	2.8						
L58K3A1a	9.1	11.7	0.2	37.6	18.8	3.1						
L58K3A1b	9.3	7.5	0.3	44.2	15.6	3.4						
L58K3A2a	8.8	10.2	1.3	41.0	16.2	2.9						
L58K3A2b	8.2	11.7	2.0	42.8	12.3	3.4						
L58K3B1a	8.2	10.2	0.2	42.3	16.5	3.1						
L58K3B1b	9.4	8.6	0.5	41.4	17.0	3.5						
L58K3B2a	9.1	12.2	0.7	41.2	14.3	2.9						
L58K3B2b	8.2	9.0	1.1	45.5	13.0	3.6						
L58K6A1	4.2	44.8	0.0	18.0	9.8	3.5	6.0	78.1	0.0	12.6	1.9	1.4
L58K6A2	3.8	42.3	0.0	25.9	7.3	1.2						
L58K6B1	4.0	55.8	0.4	15.8	3.7	0.7						
L58K6B2	4.0	40.6	0.5	26.9	6.9	1.5						
L58K17A1	12.4	10.5	2.0	37.9	15.2	2.4						
L58K17A2	11.5	8.1	1.4	45.2	11.5	2.7	7.0	15.2	2.5	57.3	10.1	7.9
L59K1	10.2	6.2	1.2	47.5	12.7	2.6	22.0	4.6	1.3	55.4	10.7	6.0
L60K3	7.9	4.5	0.2	42.3	22.1	3.4						
동태평양												
L63K2	9.0	8.8	4.3	29.8	23.7	4.8	24.3	34.3	3.9	25.0	8.2	4.2
L63K3	6.0	7.7	2.8	34.9	25.1	3.9						
L63K8	9.5	12.5	11.0	28.7	15.8	2.9	20.0	45.5	1.3	25.0	6.4	1.8
L63K8A1	4.7	8.0	12.1	38.7	13.4	3.5						
L63K8A2	8.3	11.7	17.3	32.8	7.7	2.6						
L64K1	6.2	12.6	6.4	39.9	13.9	1.4	29.1	19.5	6.0	34.6	8.3	2.5
L64K2	7.7	15.2	3.8	38.8	12.9	2.0	15.3	45.5	1.8	28.3	7.3	1.8
L65K7A1	9.1	14.7	5.7	34.1	14.4	2.4	22.0	50.5	1.3	17.8	6.3	2.1
L65K7A2	8.7	14.5	3.6	36.9	14.9	1.8						

이렇게 해서 얻어진 자료는 에어로졸의 공간적 분포를 평가할 수 있게 해준다. 이 연구결과는 특히 2μm 이하의 미립자의 경우, 석영의 농도는 서태평양에서 약 9%로 동태평양의 7%보다 높게 나타나고 있었다. 동태평양과 서태평양의 가장 두드러진 특징은 2μm보다 작은 시료에서 스멕타이트의 농도이다. 스멕타이트는 동부 북태평양에서 5% 정도인 반면, 서부 북태평양에서는 0.9%로 큰 차이를 보였다. 2~20μm 크기의 에어로졸에 대해서는 북태평양 양단에서 큰 차이가 보이지 않았다.

결론적으로 대기로부터 포집된 미세먼지(이 경우 황사기원 미립자)를 분석한 결과 이들 속에 포함된 점토광물류의 각 성분들은 지형적으로 다른 분포를 보이는 것으로 나타났다. 입자의 크기에 따라서도 공간적 분포가 다르게 나타났고, 점토광물류의 각각의 분포특성도 다르다는 것을 알 수 있었다. 아마도 이러한 공간적 분포특성이 변화한 것은 공급지로부터 발원한 미세먼지가 크기에 따라 달라진 결과이거나, 아니면 대기를 통해 이동되는 동안 입자의 침강 차이에 의한 것으로 해석되었다(Leinen et al., 1994). 이 연구와 병행해서 수행된 또 다른 연구(Merrill et al., 1994)에서 이들이 대기 중에서 어떻게 이동되었는지에 대해 다음 절에서 언급하기로 한다.

5. 미세먼지와 대기 순환

이 절에서는 전통적으로 수행되었던 대기 중 시료를 채취하고 대기에 부유하는 미세먼지나 황사 미세입자들의 특성변화나 공간적 분포 변화 등을 해석하는 방법으로 대기 순환을 추적한 기존 연구사례이다. 대기 중 시료 포집 방법과 마찬가지로 이 분야 연구가 태동될 초기의 연구사례이다(Merrill et al., 1994).

5.1 미세먼지 이동 및 대기 순환

앞선 장에서 잠깐 언급했듯이, 대기성 입자(미세먼지, 황사 등)는 사실상 많은 광물입자들을 포함하고 있다. 따라서 대기로부터 이들을 포집하고 분석한다면 입자의 조성과 특정 광물들의 공간적 분포들을 알아낼 수 있다. 이들 광물입자들의 분포와 기단궤도를 분석한다면 대기 중에 부유하는 광물들이 어떤 경로로 이동되었는지를 알 수 있을 것이다.

동태평양과 서태평양에서 얻어진 시료에 대한 광물분석과 기단분석을 수행한 결과 세 가지 유형의 기단의 이동 경로를 파악할 수 있었다(Merrill et al., 1994). 기단분석(air mass trajectory analysis)은 이들 시료들의 공급지로부터 어떤 경로를 거쳐 이동되었는지를 알아내는 데 사용되었다. 그 첫 번째 결과는 중앙아시아로부터 기원된 기단이며, 이 경로를 따르는 시료는 일라이트(illite)가 풍부하다. 두 번째는 일본열도를 통과하는 저고도로 이동되는 기단이다. 여기에는 다양한 광물이 혼합되어 있으며 일라이트가 풍부한 시료의 단성분이 존재한다. 세 번째 타입은 북아메리카 대륙을 통과하여 북태평양 동부에 도달하는 기단이다. 이들 세 가지 유형은 결국 기원지(발원지)의 광물과 기단이 이동되는 길목이 어떤 주어진 장소에서 에어로졸의 조성변화와 관련이 있다고 결론지었다. 또한 이 결과는 어떤 이벤트에 의해 야기된 기상학 자료를 에어로졸 이동의 공간적 형태를 이해하는 데 어떻게 이용될 수 있는지를 제시하고 있다(Merrill et al., 1994).

그림 3-9~3-10은 세 기단의 이동경로를 표시한 것이다. 첫 번째는 중앙아시로부터 발원되어 일본열도와 필리핀 사이를 통과하는 기단이다. 이 기단은 중국이나 몽골리아 등 중앙아시아의 건조한 대륙에서 발원하여 지속된다. 이 기단에 속하는 시료들은 북서중국이나 몽골에서 볼 수 있는 빙기

동안의 풍성기원 퇴적물이나 황토(loess) 퇴적물의 특징을 보인다. 두 번째 기단은 일본열도를 통과하는 궤적이지만 중앙아시아의 영향도 받는다. 총 10개의 시료 중에 2개의 시료가 이 타입에 해당하는데, 기단이 일본에 근접할 때는 2.5~4km 정도의 해발고도, 일본을 통과할 때는 기단의 높이는 약 1km 정도 되는 것으로 판단되었다.

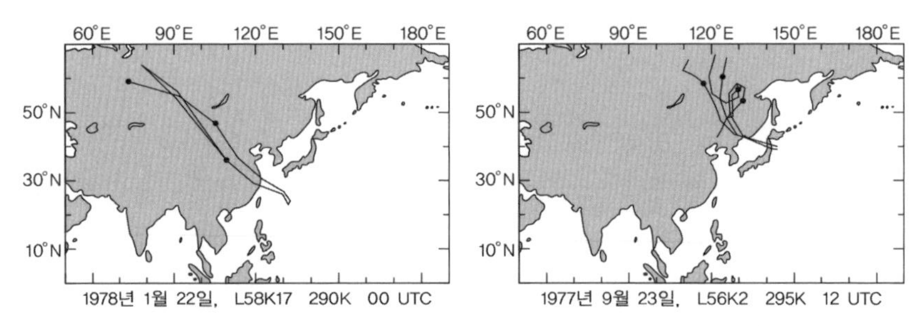

그림 3-9 본문에서 설명한 첫 번째(왼쪽) 및 두 번째(오른쪽) 기단의 이동. 아시아 대륙으로부터 실트 크기의 입자가 이 방향으로 이동된다.

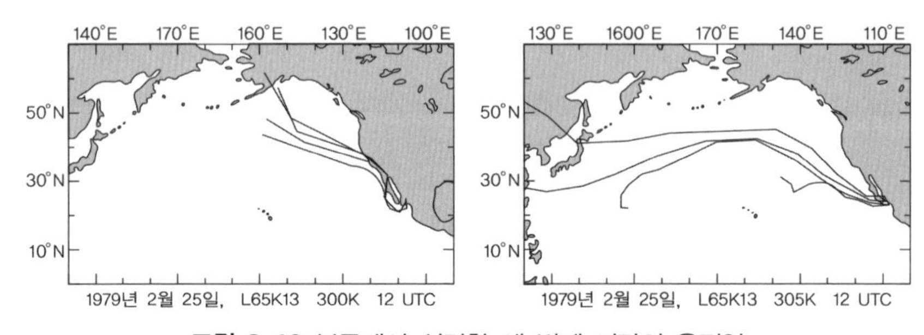

그림 3-10 본문에서 설명한 세 번째 기단의 움직임

세 번째 기단은 동태평양의 북아메리카 지역으로 명명할 수 있다. 동태평양의 시료에서는 중앙아시아에서 발원한 물질이 상대적으로 적다. 이 타입은 다시 두 개의 타입으로 세분할 수 있다. 12~3월에 채취한 시료에서는

중앙아시아의 영향이 적은 반면(그림 3-10의 왼쪽), 12~2월에 북서태평양에서 채취한 시료에서는 중앙아시아의 영향이 큰 것으로 나타났다(그림 3-10의 오른쪽). 이와 같은 결과는 중앙아시아에서 발원한 에어로졸은 북아메리카로 먼 거리를 이동하는 동안 상당 부분 제거되었음을 의미한다(Merrill et al., 1994). 표 3-6에 세 기단의 특성에 대해 요약하였다.

표 3-6 해양 에어로졸의 관측지에서 기단의 특성(Merrill et al., 1994)

시료	위치	날짜	조성				기단 요약
			F1	F2	F3	F4	
중앙아시아							
L58K2	29°N, 136°E	1997년 12월 16-18일	0.37	0.17	0.31	0.15	서부 사막에서 급속히 하강하는 흐름
L58K17	24°N, 132°E	1978년 1월 20-22일	0.50	0.11	0.24	0.15	중국 연안의 느린 흐름과 사막으로부터 하강하는 흐름의 혼합
L59K1	18°N, 133°E	1978년 2월 8-11일	0.47	−0.03	0.40	0.16	해양성 흐름
평균			0.45	0.08	0.32	0.15	
일본							
L56K2	39°N, 144°E	1977년 9월 23-24일	0.18	0.12	0.37	0.33	40°N, 일본을 가로지르는 하강류
L57K1	41°N, 143°E	1977년 10월 22-24일	0.28	0.14	0.38	0.19	중국으로부터 느린 흐름들, 일본 통과
평균			0.23	0.13	0.38	0.26	
북아메리카							
L64K2	22°N, 108°W	1978년 12월 5-8일	0.18	0.31	0.41	0.09	알래스카로부터 하강류와 연안류 혼합
L65K7	22°N, 108°W	1979년 2월 7-9일	0.14	0.33	0.41	0.12	멕시코 및 캘리포니아, 오리곤 연안으로부터의 연안류
L65K13	22°N, 108°W	1979년 2월 23-26일	0.16	0.32	0.38	0.14	태평양으로부터 강한 흐름, 멕시코 및 캘리포니아의 느린 흐름
L65K14	22°N, 108°W	1979년 2월 26일~3월 1일	0.13	0.24	0.50	0.13	알래스카로부터의 침강류
L65K18	22°N, 107°W	1979년 3월 9-11일	0.13	0.27	0.49	0.11	멕시코 연안으로부터의 느린 흐름, 태평양으로부터의 침강류
평균			0.15	0.29	0.44	0.12	

6. 인공위성에 의한 대기 중 미세먼지 모니터링, 분포와 이동

최근에는 과학기술의 발달로 인공위성을 이용하여 대기나 지상에서 일어나는 각종 환경변화를 모니터링하고 있다. 초기에 군사적 목적으로 사용

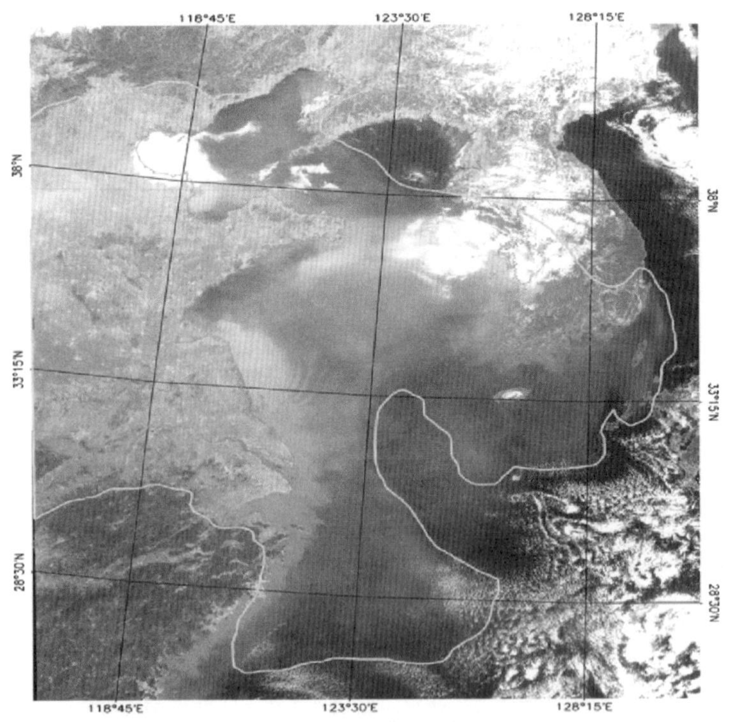

〈2017년 2월 13일 12시 GOCI 천연색 합성영상(B6:B4:B2)〉

그림 3-11 중국과 우리나라 일부를 덮고 있는 미세먼지 위성 영상.
한국해양과학기술원(KIOST)은 GOCI 천연색 합성영상을 이용해서 미세먼지 분석을 실시하고 있다. 영상은 2017년 2월 13일 사례로, 실선 안의 영역이 위성 영상 분석자가 주관적 분석하여 결정한 미세먼지 영역이다. 구름과 미세먼지의 농도가 약한 곳에서는 경계가 불분명할 수 있으며, 육안으로 분석한 것이라 분석자에 따라 분석 결과가 다를 수 있다(한국해양과학기술원 제공).

되기 시작한 인공위성은 현재는 통신 등 거의 모든 분야에 적극적으로 활용되고 있다. 우리나라에서도 한국해양과학기술원(KIOST)이 관리하고 있는 해양위성(GOCI)을 이용하여 대기 중 미세먼지를 모니터링하고 1일 단위 수준으로 미세먼지에 대한 정보를 제공하고 있다.

인공위성 GOCI 1과 GOCI 2를 이용하여 매일 미세먼지 농도와 분포 정보를 제공하고 있다. 그러나 여기에서는 인공위성을 이용한 대기 중 미세먼지 분포에 관해서 공공적으로 공표된 사례(그림 3-11)만을 표시하는 것으로 갈음하기로 한다. 인공위성을 이용한 미세먼지 연구도 다양한 부분을 포함하고 있으며, 따로 분리하여 다룰 필요가 있으므로 또 다른 지면을 통해 소개하기로 한다.

CHAPTER 04

미세먼지 농도의 국내외 경향과 환경영향

04 미세먼지 농도의 국내외 경향과 환경영향

1. 미세먼지, 대기질의 세계적 추세

과거 십여 년간 세계 여러 지역에서 대기질을 측정한 결과, 선진국 및 개발도상국의 주요 도시는 대기오염 문제를 심각하게 겪고 있다는 사실을 지적해주고 있다. 세계 주요 지역에서 미세먼지의 대표적 성분인 4종의 오염물질에 대한 농도범위를 표 4-1에 표시했다. PM_{10}은 아프리카, 아시아

표 4-1 세계 각지에서 얻어진 연평균 미세먼지의 농도범위(AQG, 2005)

지역	연평균 농도			오존 (1시간 최대 농도)
	PM_{10}	이산화질소	이산화황	
아프리카	40-150	35-65	10-100	120-300
아시아	32-220	20-75	6-65	100-250
오스트레일리아 / 뉴질랜드	28-127	11-28	3-17	120-310
캐나다 / 미국	20-60	35-70	9-35	150-380
유럽	20-70	15-57	8-36	150-350
라틴아메리카	30-129	30-82	40-70	200-600

그리고 라틴아메리카에서 높게 나타나고 있으며, 이산화황은 아프리카, 아시아 및 라틴아메리카에서 매우 높은 농도로 타나나고 있다. 오존이나 이산화질소와 같은 2차 오염물질은 라틴아메리카나 미국 등에서 비교적 높게 나타나고 있다.

대기질 변화의 경향은 4개의 주요 오염원에 따라서 각각 다르게 나타난다. 유럽에서 PM_{10}의 농도는 20세기 말에 감소했었지만 최근 다시 증가하는 경향을 보이고 있다. 이러한 현상은 부분적으로는 기후변화의 영향으로 설명된다. 아시아의 주요 대도시에서는 PM_{10}의 농도가 과거 수십 년간 약간 감소하기는 했지만, PM_{10}과 $PM_{2.5}$를 포함하는 전체 미세먼지 농도는 여전히 높게 나타나고 있어 주요 대기오염원으로 여겨지고 있다. 멕시코시티와 같은 라틴아메리카의 대도시에서도 여전히 높은 PM_{10} 농도를 보이고 있다. 이산화황의 농도는 거의 모든 주요 도시에서 감소하고 있는데, 특히 유럽이나 중국 그리고 미국과 아시아 및 라틴아메리카에서 지속적으로 감소하는 경향을 보이고 있다.

미국을 제외한 대부분의 나라에서 이산화질소의 연평균 농도는 감소하고 있지 않다. 이산화질소나 오존과 같은 2차 오염물질인 미세먼지는 인구나 교통문제와 관련이 있으므로, 차량이 많은 대도시에서 이들 농도가 증가하는 경향에 관심이 집중되고 있다. 아시아의 주요 도시에서 이들 이산화질소와 오존은 연별로 큰 변화 폭을 보이고 있는데, 이러한 큰 폭의 변화 추이가 앞으로 어떤 형태로 귀결될지는 현재로선 판단하기 어렵다(AQG, 2005).

이산화질소와 마찬가지로 오존농도도 감소하는 경향을 보이지 않는다. 전체적으로 대류권 내에서 지구 전체적으로는 배경농도가 증가하고 있는 실정이다. 구체적으로 오존농도가 상승하는 경향은 북아메리카나 유럽의 대도시에서 잘 나타나고 있으며, 멕시코나 라틴아메리카, 아프리카, 오스트레일리아 및 유럽에서는 2000년 WHO가 정한 기준값(가이드라인 설정 값)을 상회하고 있다. 이들 미세먼지나 대기오염에 관해서 앞으로 예측 가능한 경향 중 하나는 소득이 낮고, 인구 밀집도가 높은 도시에서는 미세먼지의 농도가 증가되고 오염이 더욱 진행될 것이라는 것이다. 특히, 도시지역에서 인구가 빠르게 증가한다면 자동차 등이 기하급수적으로 증가할 것으로 예측된다. 오래된 차량을 이용하거나 이륜구동을 활용하는 것에 따른 교통문제, 차량 유지 소홀 등이 대기오염을 증가시킬 수 있을 요인으로 작용할 것으로 예측된다. 이렇게 이산화질소는 인구문제, 교통문제 등과 밀접히 관련되기 때문에 인구증가가 많은 곳에서는 농도가 높아지는 경향을 보인다.

1.1 미세먼지의 오염원별 경향

전 세계 대도시에서 수년 동안 대기오염 문제는 가장 큰 이슈 중의 하나였다. 21세기로 접어들면서 거주 인구가 천 만 이상인 도시는 24곳에 달하고 있으며, 2002년 현재 그중 2천만 이상이 거주하는 대도시는 4곳이다. 12개 도시가 아시아에, 4개의 도시는 라틴아메리카, 두 개의 도시는 아프리카에 있다. 세계은행 자료에 의하면 아프리카의 도시에서는 인구증가가 매년 10% 이상인 것으로 보고되고 있다. 중국의 경우는 2012년 현재 2천만 이상이 거주하는 도시를 23곳으로 예상하고 있다. 이렇듯 오염원이 인구증가와 밀접한 관계에 있다는 사실을 받아들인다면 오염원은 인구 및 교통, 산업화의 정도에 따라 달라질 수 있다. 이산화질소, 이산화황의 농도와 부유물질 총량은 개발도상국, 산업화된 선진국 그리고 그 중간단계에 있는 국가들 간에 뚜렷한 차이를 보이고 있다(그림 4-1).

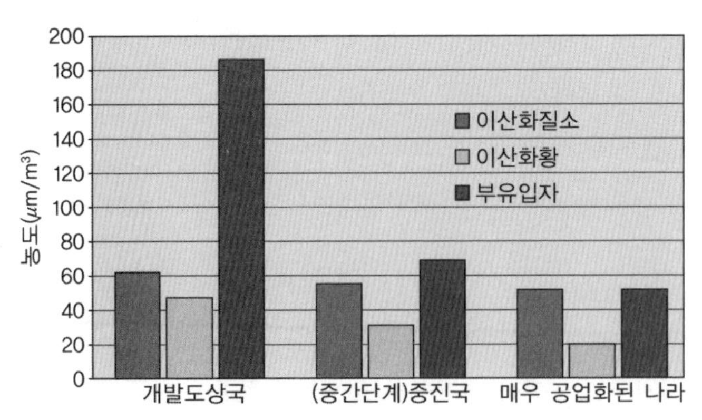

그림 4-1 이산화질소, 이산화황 및 총 부유물질의 농도.
산업화 정도에 따라 농도가 크게 다름을 알 수 있다. (AQG, 2005)

중국의 베이징(Beijing), 콜카타(Kolkata), 멕시코시티, 리우데자네이루(Rio de Janeiro)와 카이로(Cairo) 등은 만성적으로 높은 미세먼지 농도 상태에 있다. LA나 멕시코시티는 오존과 이산화질소 농도가 여전히 높게 나타나고 있다. 그 외 수많은 다른 도시에서도 스스로 정해놓은 기준값을 상회하는 대기오염에 대해 심각한 문제에 직면하고 있는 실정이다(AQG, 2005).

1952년 런던 스모그 현상으로 많은 사망자와 병원치료 등 사회적 문제를 경험한 바 있다. 이와 같이 대도시에서 오염물질이 얼마나 심각한 문제를 일으키는지에 대한 것은 런던 스모그 현상이 일어난 이후인 20세기 중엽에는 명확하게 알 수 있게 되었다. 뒤이어 청정한 대기를 위한 입법 활동 등에 의해 실질적으로 세계의 많은 곳에서 대기오염이 감소하는 효과를 가져왔다. 대도시에서 흔히 일어났던 석탄 연소에 의한 겨울철 스모그 현상은 80년대나 90년대 초반에 근절되었고, 현재는 주로 청정대기에 영향을 주는 것으로 혼잡한 교통, 운송수단으로 인해 방출되는 오염으로 여겨지고 있다. 현재 서구의 주요 도시에서 대기오염의 주된 원인은 교통과 관련되어 있음이 확실하게 드러났다.

과거 겨울철에 자주 발생하는 스모그는 황산화물과 다른 입자들이 합쳐진 것인데, 최근에 와서는 부유물질, 특히 대도시에서 문제가 되고 있는 마이크로미터 크기의 입자와 산화질소와 오존과 같은 2차 오염물질로 바뀌고 있다. 동시에 아시아, 아프리카 및 라틴아메리카의 대도시에서 인구가 급속히 증가하고 있어 대기오염이 높아지고 있는데, 그 수준은 20세기 전반기에 산업화된 국가에서 경험했던 것을 초과하거나 비슷한 수준에 이르고 있다.

PM_{10}

현재까지 가장 빈번하게 언급되는 대기 중 부유입자는 공기역학적 지름이 10μm 이하인 PM_{10}이다. 세계 주요 도시에서 연간 평균 PM_{10}의 농도를 그림 4-2에 표시하였다. 이 그림에서 볼 수 있듯이 일반적으로 PM_{10}의 농도는 북아메리카나 유럽에서보다 아시아나 아프리카, 라틴아메리카에서 높다는 것을 알 수 있다. 아시아 지역에서 연평균 PM_{10}의 농도는 약 35~220$\mu g/m^3$ 정도이고, 라틴아메리카는 약 30~129$\mu g/m^3$인 반면 북아메리카와 유럽에서 일반적인 연평균 PM_{10} 농도는 15~60$\mu g/m^3$ 정도이다. 조사된 대도시 중 약 70% 이상의 도시에서 PM_{10} 농도는 WHO 권고기준인 50$\mu g/m^3$를 상회하고 있음을 알 수 있다.

일반적으로 PM_{10}의 농도는 아시아 쪽에서 높다고 보고된다. 아시아 지역은 저등급 연료를 사용하면서 방출되는 지역적 오염이나 산불 등 다양한 요인으로 인해 상대적으로 높은 PM_{10} 배경농도를 보인다. 특히 봄철에 동아시아에서 잘 알려진 기상현상은 아시안 지역에서 먼지를 발생시키는데 주로 몽골리아나 중국의 사막으로부터 유래된 풍성기원 모래먼지는 이 지역에

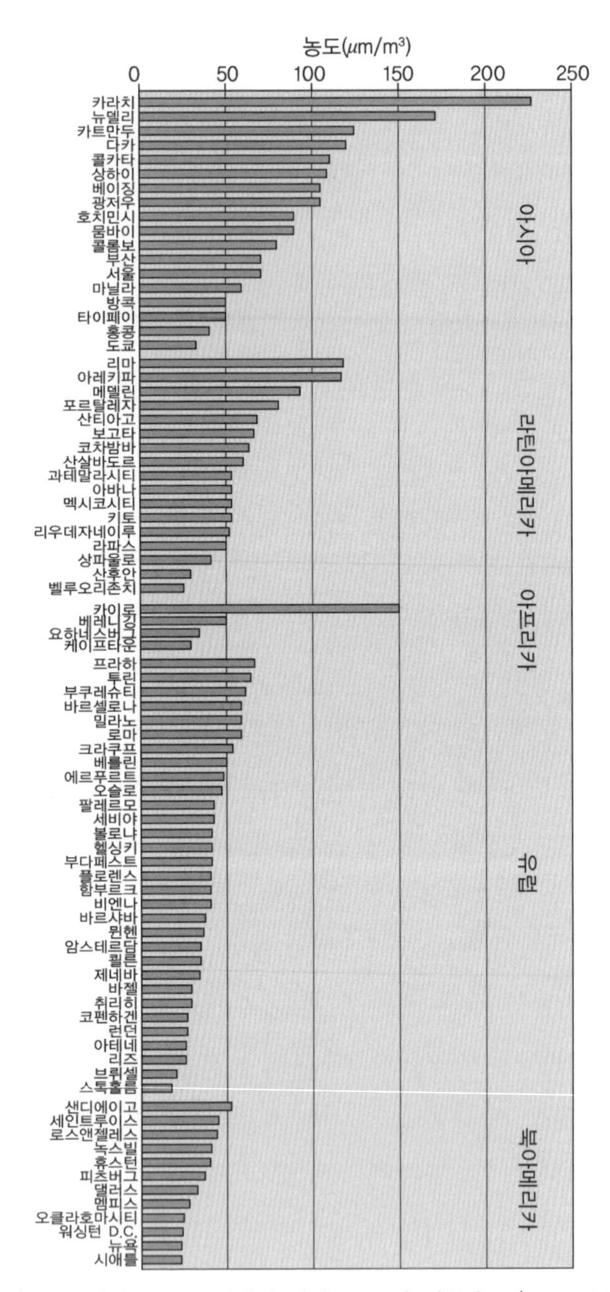

그림 4-2 세계 주요 도시에서 연간 PM_{10}의 평균 농도(AQG, 2005)

전체적인 미세먼지 농도를 높인다. 이에 대해 중국에서는 석탄이나 자동차 이용, 생물연료의 연소에 기인한 1차 오염물질 입자가 배출될 뿐만 아니라 석탄이 연소할 때 발생하는 이산화황이 대기 중에서 화학반응을 일으켜서 생성되는 2차적인 황산염물질의 농도가 매우 높은 것으로 보고되었다. 베이징에서는 PM_{10}의 연평균 농도는 약 140$\mu g/m^3$ 정도로 보고되고 있다.

세계 여러 곳에서 장기간에 걸쳐 발생하는 대규모 산불은 미세먼지 농도를 상당히 높인다. 1987년 약 2주 반에 걸쳐 발생한 캘리포니아의 산불은 PM_{10}의 농도를 237$\mu g/m^3$ 정도까지 높였다. 또한 미국의 또 다른 지역에서 발생한 10주간의 산불은 24시간 평균으로 했을 때 PM_{10} 농도가 150$\mu g/m^3$를 상회하는 기록이 15회나 관찰되었고, 이틀간에는 500$\mu g/m^3$를 초과하기도 하였다. 1997년 남동 아시아에서 발생한 화재로 인해 PM_{10}의 농도는 Sarawak와 Kuala Lumpur에서 각각 930$\mu g/m^3$, 421$\mu g/m^3$로 보고되었고, 싱가포르와 남부 태국에서는 이보다 다소 낮은 것으로 보고되기도 하였다(AQG, 2005).

유럽에서 PM_{10}의 농도에 관한 자료는 24개국 550개 도시에서 1100곳 이상의 관측소에서 모니터링한 2002년 데이터를 근거로 제시되었다. 요약하면 다음과 같다.

① 도시지역 연평균 농도는 26.3$\mu g/m^3$이며, 도로지역은 이보다 다소 높은 32.0$\mu g/m^3$로 나타났다.

② 36개 지역에서 일평균 농도는 43.2$\mu g/m^3$이며, 도로지역은 51.8$\mu g/m^3$로 나타났다.

③ 시골지역에서 연평균 농도는 21.7$\mu g/m^3$이다.

④ 가장 높은 농도 36곳에 대한 일평균 농도는 38.1$\mu g/m^3$로 나타났다.

아프리카에서는 지역에 따라 PM_{10}의 농도 차이가 매우 크다. 케이프타운(Cape town)이나 요하네스버그(Johannesbug)와 같은 대도시에서는 약 30~40$\mu g/m^3$ 정도로 다소 낮은 PM_{10} 농도가 보고되었지만, 카이로(Cario) 지역에서는 도시와 주민이 거주하고 있는 지역에서 60~200$\mu g/m^3$ 정도의 농도 범위를 보이고 있다. 산업지역에서는 200~500$\mu g/m^3$ 정도로 더 높은 농도를 보이고 있다(Sivertsen and El Seoud, 2004).

이집트에서 PM_{10}의 자연적 배경농도는 사막지역으로부터 바람에 의해 운반되는 먼지로 인해 상대적으로 높은 농도를 보인다. 이 지역에서 이루어진 관측을 근거로 하면, 배경이 되는 PM_{10}의 농도는 약 70$\mu g/m^3$ 정도로 추측되었다. 건조지역으로 둘러싸인 도시나 마을은 빈번하게 상당량의 풍성기원 세립질 모래가 공급된다. 카이로에서는 PM_{10}에 포함된 많은 성분들이 이들 세립질 모래에 기원한 것으로 판단되었다(Gertler, 2004). 실질적으로 모래폭풍이 일어나면 미세먼지의 화학적 조성이나 특성에 중요한 영향을 주는 것으로 보고되고 있다. 예를 들어, 시리아(Syrian)나 이라크(Iraqian) 사막에서 모래폭풍이 일어나면 미세먼지가 레바논(Lebanon)으로 운반되고, $PM_{2.5}$나 지각물질, 해염 등과 합쳐져서 미세먼지의 화학적 특성을 바꾼다고 보고하고 있다(Borgie et al., 2016). 대기가 오염되었을 때는 쓰레기 소각이나 농업활동으로 발생하는 연소도 PM_{10} 농도 증가에 기여하는 것으로 판단되고 있다.

$PM_{2.5}$ 미세입자

$PM_{2.5}$는 미세먼지 오염으로부터 건강상태를 알려주는 중요한 지시자이며, 인위기원 부유물질이 얼마나 포함되는지 중요한 지표로 사용하고자 할

때는 오히려 PM_{10}보다 더욱 정확하다. 따라서 PM_{10}에 대한 $PM_{2.5}$의 비율로 $PM_{2.5}$ 미세입자 정도를 평가하고 있다. 미국 내 239개 도시에서 $PM_{2.5}$: PM_{10}의 비율을 조사한 결과 0.44~0.71의 범위에 있었지만, 카이로에서 이 비율은 약 0.5 정도였다. 산티아고(Santiago)에서는 겨울철에 최고 높은 값을 보였지만 주간 평균값은 0.4~0.6 정도로 나타났다.

어떤 지역에서 $PM_{2.5}$의 농도는 주로 기원물질의 형태, 기원지로부터의 거리 및 풍속에 좌우된다. 자연적인 미세먼지 기원지는 PM_{10}의 농도 증가에 영향을 주지만 $PM_{2.5}$의 농도에도 큰 영향을 미친다. 아프리카 사막에서 측정된 $PM_{2.5}$: PM_{10}은 동부 스페인에서 측정된 비율인 0.4~0.8과 북부 스페인에서 $PM_{2.5}$: PM_{10}은 0.7~0.9를 상회한다. 미국에서 2002년 $PM_{2.5}$의 평균 농도는 12.5$\mu g/m^3$이며 이 중 조사된 90% 이상의 지점에서 $PM_{2.5}$ 농도는 16$\mu g/m^3$보다 낮다.

$PM_{2.5}$ 농도는 아시아에서 미세입지 입자 변화에 가장 중심적 역할을 한다. 중국 베이징에서 측정한 결과 $PM_{2.5}$ 농도는 100$\mu g/m^3$를 상회한다. 월간 평균 농도는 61~139$\mu g/m^3$ 사이에 있고, 오염된 기간에는 일간 평균 $PM_{2.5}$의 농도는 300$\mu g/m^3$에 달한다.

오존과 지역적, 지구적 문제

현재 대기(대류권) 하부에 존재하는 오존은 전 세계적으로 분포하고 있는 대기오염원이다. 도시 주변에서는 오존의 농도변화가 크게 나타난다. 산화질소의 방출이 많은 지역에서 오존은 질산과 반응하여 오존이 해리하게 된다. 결과적으로 도시 중심부에서는 낮은 오존농도가 종종 나타나고 외곽 주변에서는 비교적 높은 오존농도를 보이는 경우도 있다. 오존이나 오존의

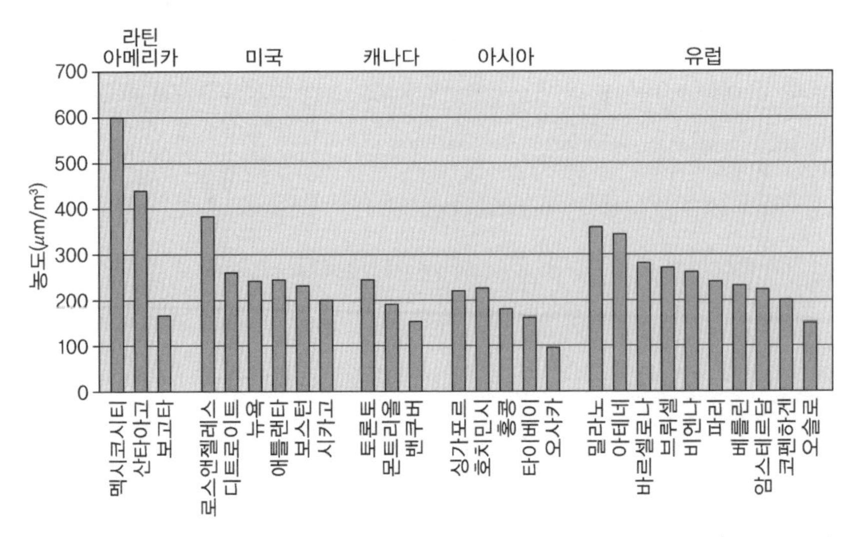

그림 4-3 세계 주요 도시 주요 지점에서 1시간 평균 오존농도의 가장 높은 값(AQG, 2005)

전구물질들은 대기를 통해 먼 거리로 이동되기 때문에 지역적 차이를 보인다. 그러므로 수십 km의 범위에서 어떤 지역에서 세밀한 관측망은 오존 분포에 대한 정확한 자료를 제공해줄 수 있다.

지구표층에서 오존농도는 단위시간(1~8시간) 동안 농도에 대한 평균값을 사용한다. 가장 오염이 심한 도시에 대해서 한 시간 동안 관측된 오존의 농도를 그림 4-3에 표시했다.

이산화황

이산화황의 농도는 과거 십여 년간 대부분의 유럽국, 북아메리카 그리고 아시아의 많은 지역에서 뚜렷하게 감소했다. 2000~2005년 동안 아시아, 아프리카, 유럽, 미국 등의 주요 도시에서 관찰한 연평균 이산화황의 농도를 그림 4-4에 표시했다. 이 중에 약 반 이상의 도시에서는 연평균 이산화항 농도가

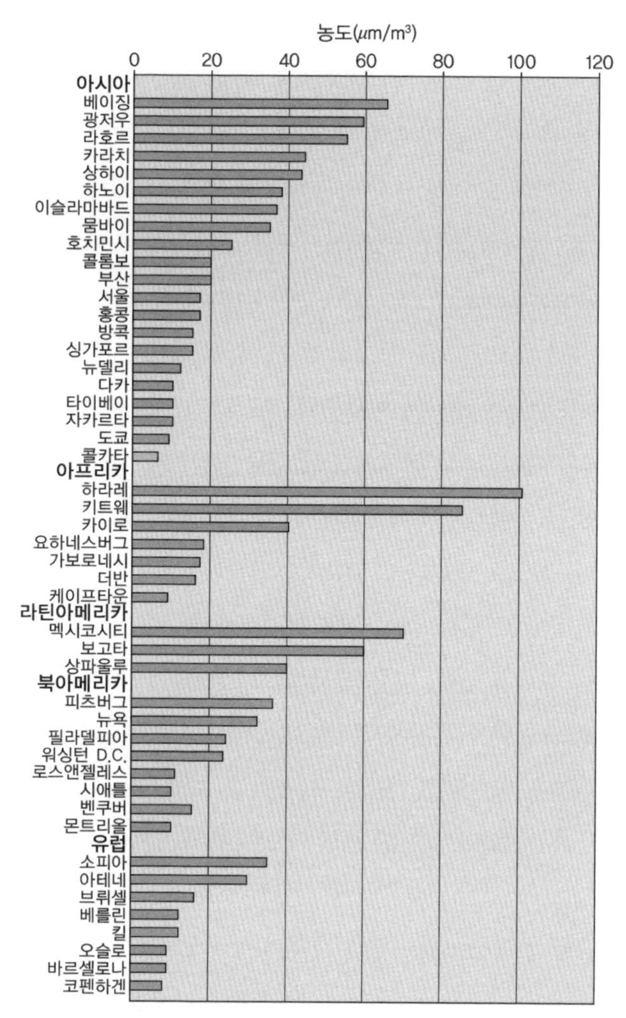

그림 4-4 세계 주요 도시에서 2000~2005년 동안 측정된 연평균 이산화황의 농도 (AQG, 2005)

20μg/m^{3}를 상회했고, 전체 조사된 도시 중에 약 15%는 50μg/m^{3}를 상회하는 농도를 보인다. 일부 대도시에서는 상당히 낮은 농도를 보이는 곳도 있지만 가장 높은 이산화황 농도를 보이는 곳은 주로 개발도상국의 대도시였다.

이산화황 농도가 높은 곳으로는 중국의 일부 도시에서 보고되었는데, 이들 도시에서는 석탄을 주요 에너지원으로 사용하고 있기 때문에 이산화황 농도는 계속해서 증가할 것으로 추측된다. 대기오염 전체를 고려했을 때 중국 북쪽에 위치한 도시가 남쪽에 있는 도시에서보다 오염이 심한 것으로 나타났다. 기존 연구에 의하면, 2002년 평균 이산화황 농도는 52$\mu g/m^3$로 보고되었다(Hao and Wang, 2005; AQG, 2005). 2004년 중국 전체에서 이산화황의 평균 농도는 43$\mu g/m^3$로 보고되었고, 이 중 22%에 해당하는 도시에서는 연평균 농도는 60$\mu g/m^3$에 이르렀다.

개발도상국의 여러 도시지역에서 연간 평균 이산화황의 농도는 40~80$\mu g/m^3$ 정도인데 반해, 북아메리카나 유럽에서는 10~30$\mu g/m^3$, 유럽의 주요 도시에서는 6~35$\mu g/m^3$ 정도로 나타나고 있다. 그러나 개별적인 관측결과 다소 높은 농도를 보이는 경우도 있다. 아프리카의 일부 산업지역에서는 여전히 높은 이산화황 농도를 보이고 있다. 이집트(Egypt)의 28지역에 대해 측정이 이루어졌는데, 카이로(Cairo)의 세 지점에서는 연평균 이산화황 농도가 50$\mu g/m^3$ 이상에 달하고 있다. 아프리카에서는 연간 평균 농도가 50$\mu g/m^3$ 이상인 경우가 자주 나타난다. 특히, 잠비아(Zambia)의 구리광상지대에서는 주간 평균 농도가 167~672$\mu g/m^3$ 정도에 달하고 있고, 주간 최고 농도는 1400$\mu g/m^3$에 달하기도 한다. 유럽의 일부 산업화지역에서는 여전히 높은 이산화황 농도를 보이고 있다. 제련소가 인접해 있는 소련의 북서지역에는 일간 이산화황 농도가 1000$\mu g/m^3$를 초과하는 경우도 있다(AQG, 2005).

이산화질소

이산화질소의 주요 발생원은 교통(활동)문제이며 그 외 산업시설, 선박, 가정의 일상생활에서 발생하는 것 등을 들 수 있다. 높은 이산화질소 농도는 초미세입자나 다른 산화제(oxidant)와 결합한 형태로 나타나는데 이들은 세계 주요 대도시에서 중요한 대기오염원이 되고 있다. 이산화질소는 광화학적 스모그(photochemical smog)로 간주되는 전형적인 오염원의 주요 성분이다.

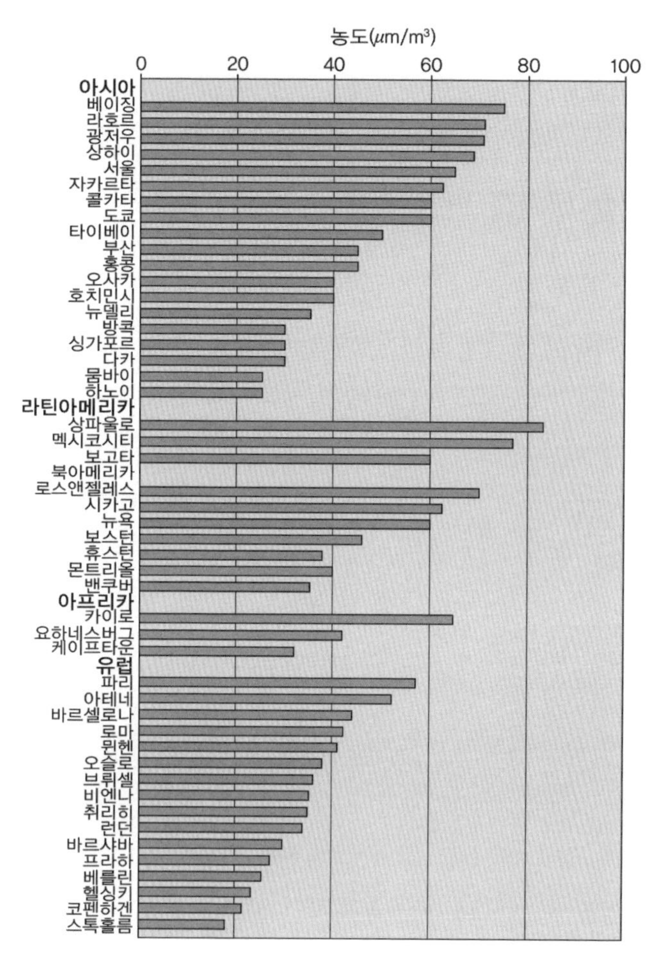

그림 4-5 세계 주요 도시에서 2000~2005년간 보고된 이산화질소의 연평균 농도 (AQG, 2005)

개별 나라의 여러 농촌지역에서 이산화질소의 농도범위는 15~30$\mu g/m^3$ 정도이다. 그러나 WHO에서 2000년 조사한 대기질 결과를 참고하면 세계 주요 도시에서 연평균 농도가 이보다 다소 높은 40$\mu g/m^3$ 정도이다. 단기간에 걸친 이산화질소 농도는 도시 내에서, 시간별로, 그리고 주야간에 따라 변화가 심하다. 물론 평균 농도는 주요 도로에서 떨어진 거리 정도에 따라 달라진다. 그림 4-5에는 세계 주요 도시에서 이산화질소의 연평균 농도를 표시하였다(AQG, 2005)

1.2 지역별 대기질 변화 경향

수많은 오염원 지시자들은 최근 10여 년간 대기오염이 감소하고 있음을 보이고 있는데, 세계 대부분 지역에서 이산화황이 감소되는 경향은 분명해 보인다. 그러나 일반적으로 이산화질소 농도나 오존의 농도는 감소하는 경향을 보이지 않는다.

아시아 지역

미세먼지(PM_{10}, $PM_{2.5}$)는 아시아 지역에서 주목을 끄는 주요 오염물질이다. 교통이 발달한 큰 도시에서는 미세먼지와 더불어 이산화질소와 오존에 대한 관심이 점점 증대되고 있다. 아시아의 주요 도시에서 이산화질소와 오존에 대한 자료는 연간 변화폭이 매우 크다는 것을 지시하고 있는데, 이렇게 변화가 크다는 것은 이들 두 오염원에 대해서 농도가 증가하거나 감소한다는 경향성을 판단하거나 논리적인 설명을 위해서는 추가적으로 분석이 필요하다는 것을 의미한다. 싱가포르, 홍콩, 베이징, 도쿄 등과 같은 대도시에서는 경철이 발달되어 있고 환승시스템이 유용하게 활용되고 있어서 도시 전체를 아우르는 운송수단을 유용하게 활용할 수 있는 기회가 많아지기 때문에 도로에서 야기되는 미세먼지를 저감시킬 수 있다.

이산화황은 방콕이나 뭄바이(Mumbai), 서울과 같은 대도시에서 감소하는 경향이 뚜렷하다. 중국에서도 그림 4-6에서 보는 것처럼 과거 10여 년간 감소하는 경향이 뚜렷하다. 일반적으로 중국의 북쪽에 위치한 도시에서는 남쪽에 위치한 도시에서보다 대기오염이 심각하다. 중국에서 이산화황의 농도는 1990년의 93$\mu g/m^3$에서 2002년의 52$\mu g/m^3$로 약 44.3%가 감소한 것으로 나타났다.

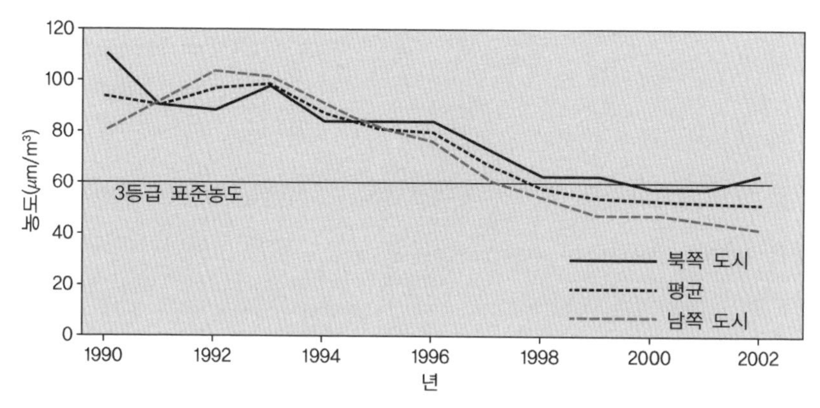

그림 4-6 중국의 대도시에서 1990~2002년 동안 연간 이산화황 농도의 변화(AQG, 2005)

황산을 발생시키는 연료사용을 억제하는 것은 이산화황 발생을 감소시키는 주된 방법이다. 1990년부터 황산을 발생시키는 연료사용을 규제하기 시작한 홍콩의 경우는 이러한 경향이 뚜렷하다(그림 4-7). 게다가 황산이 적게 포함되어 있는 천연가스를 사용하는 것은 높은 황산 배출을 가져올 수 있는 석탄의 대체연료로 사용할 수 있어 이산화황 배출을 억제할 수 있는 효과를 가져온다. 또한 경전철 등 교통수단을 개선한 것도 미세먼지를 줄이는 효과로 이어졌을 것으로 판단된다.

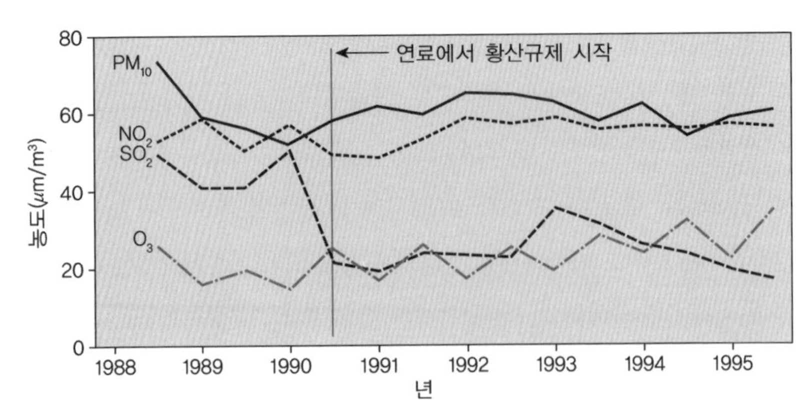

그림 4-7 홍콩의 5개 지점에서 측정된 PM_{10}, 이산화질소, 이산화황, 오존의 평균 농도 (AQG, 2005)

아시안 지역에서 깨끗한 공기를 유지하기 위해 20여 개 도시에서 연구가 있었는데, 이산화황과 오존에 대해서 약간 감소하는 경향을 보이고 있다. 전체적으로 1992년부터 2003년까지 총 부유물질인 미세먼지도 감소하는 것으로 보고되었다(그림 4-8).

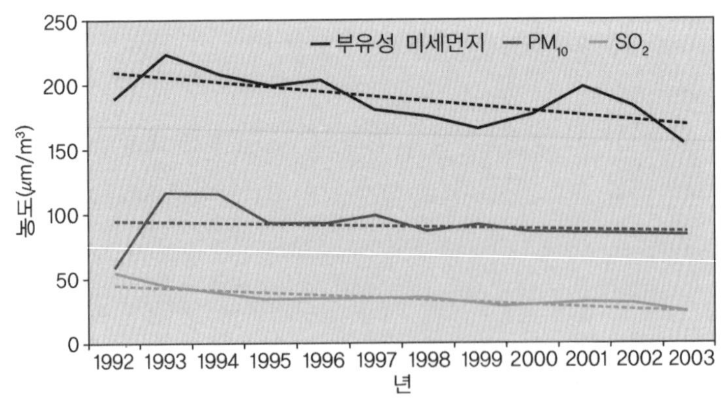

그림 4-8 아시아의 주요 도시에서 1992~2003년 동안 주요 오염원의 경향(AQG, 2005)

북아메리카

미국의 340곳에 달하는 대도시에서는 1993년부터 2002년까지 관측한 결과 8시간 동안 측정한 오존을 제외한 6종의 대기질 지시자가 감소하는 경향을 보였다. 오존농도 변화 경향성을 볼 수 있는 296곳의 도심지역 중에서 36곳에서만이 오존증가가 관찰되었다. 이산화질소 농도는 미국 전 지역에서 1983년 이래 21%까지 감소하였으며, 과거 20여 년 동안 평균 이산화질소 농도가 최저 수준에 머물러 있음을 알 수 있다. 1993년부터 2003년까지 미국에서 연간 PM_{10} 농도는 13% 정도 떨어졌고, 이산화질소 농도는 11% 정도 감소되었다. 그러나 같은 기간에 8시간 동안 측정한 오존농도는 약 4% 정도 증가하였다. 이산화황 농도는 미국에서 눈에 띄게 감소하였는데, 1993년에서 2002년 사이에 연평균 39% 정도 감소되었고, 가장 많이 감소된 해는 1994년과 1995년 사이이다.

캐나다에서 오존과 PM_{10}의 농도에 관해서는 온타리오에서 스모그가 일어나는 계절에 보고된 바 있다. 캐나다에서 오존 측정 결과는 1988년부터 2003년 사이에 연간 1시간 최대 농도는 감소하였지만, 24년간 평균 오존농도는 증가하는 경향을 보이고 있다.

유럽

1997년 이후 유럽에서는 많은 수의 모니터링 관측소가 있어서 그림 4-9에서 보는 것처럼 경향분석을 하기에 충분하다.

1997년부터 2000년까지 PM_{10}은 감소하는 경향을 보인다. 2000년 이후는 다시 증가하는 경향을 보이는데, 이와 같은 현상을 설명하기에는 현재까지의 데어터가 부족한 실정이다. 유럽지역에서 PM_{10}의 농도는 전적으로 도시에서

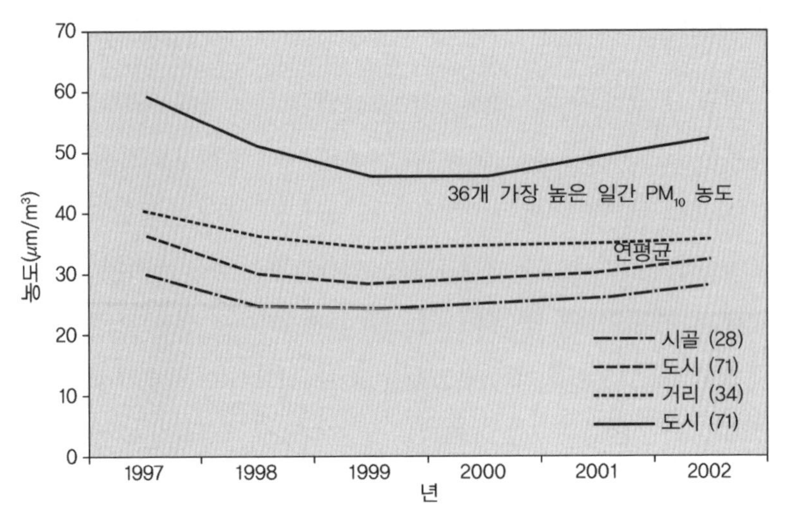

그림 4-9 유럽지역에서 1997~2000년 사이에 연평균 PM_{10} 농도와 36개의 최고 PM_{10} 농도(AQG, 2005)

발생하는 PM_{10}의 영향을 받는다. 대부분 지역에서 시골지역 농도는 도심지역 배경농도의 최소한 75% 이상이며, 일부 네덜란드와 같이 인구가 밀집한 지역에서는 시골에서 농도가 도시 농도의 약 90% 이상을 차지하는 것으로 판단된다.

인접 국가 간의 운송수단 등은 유럽지역에서 오존농도에 큰 영향을 준다. 많은 관측소에서 시행한 관측결과는 북반구 전체에서 오존농도가 증가하는 것을 지시하고 있으며, 대륙과 대륙 간에 오존이 이동하고 있음을 나타낸다. 그럼에도 불구하고 대륙 간 오존의 이동이나 오존이 대기질에 어떤 영향을 주는지 이해하기 위해서는 해결해야 할 문제가 많다.

라틴아메리카 및 아프리카

라틴아메리카의 많은 도시는 여전히 높은 PM_{10} 농도와 2차 오염물질을 경험하고 있다. 5백 만 주민이 거주하고 있는 칠레(Chile)는 일 년 중 많은 기간이 높은 수준의 대기오염에 노출되어 있다. 산티아고(Santiago)도 오염된 도시 중 하나인데, 대기질 데이터는 그림 4-10에서 볼 수 있듯이, 2001년까지는 다소 떨어졌지만 2001년부터 다시 증가하는 경향을 보인다.

아프리카는 도시화율(연간 약 4~8%)이 높고, 앞으로도 10여 년간 도시화 현상이 계속될 것으로 기대되며 낮은 수입으로 오래된 차량을 사용하기 때문에 에너지 효율이 좋지 못하다. 따라서 이러한 요인으로 인해 발생하는 오염원이 계속 증가할 것으로 예상된다. 낮은 수입은 결국 중고차량 등을 활용하는 빈도를 높이고 저가 유류사용 등 차량 유지를 위한 경비 절감으로 미세먼지 발생이 많아지게 된다. 카이로 등과 같은 대도시에서는 1999년 관측이 시작된 이래 이산화황의 감소가 나타나지 않았다.

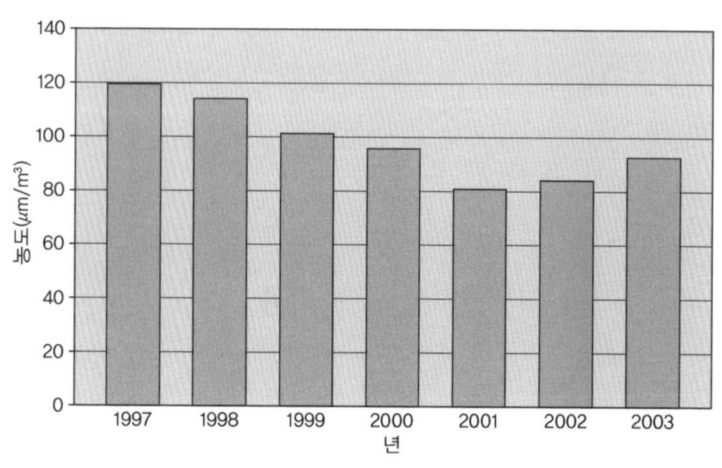

그림 4-10 칠레 산티아고에서 1997~2003년 동안 평균 PM_{10}의 농도(4~9월) (AQG, 2005)

2. 우리나라의 미세먼지 경향과 추이

전 세계와 마찬가지로 최근 우리나라도 미세먼지 문제가 모든 화두를 집어삼키고 있다고 할 정도로 큰 문제가 되고 있다. 거의 매일 미세먼지 관련 소식이 매스컴의 일면을 장식하고 미세먼지 농도가 높을 때는 개인의 건강을 위해 경각심을 호소하고 있는 실정이다. 이러한 중요성 때문에 정부는 2016년에 전문가 그룹을 구성하여 미세먼지에 대한 연구기획위원회를 구성하고 미세먼지를 국가의 9개 전략프로젝트의 하나로 선정하기도 하였다. 우리나라뿐만 아니라 아시아권에서는 중국, 일본 등 미세먼지가 초유의 관심사가 되고 있는 실정이다. 한·중·일의 공동연구도 진행되고 있으며, 그 중요성을 감안하여 최근에는 삼국의 연구결과를 공표하는 것으로 결정하였다. 입법기관인 국회에서도 2017년 초에, 미세먼지의 중요성을 인식하여 "미세먼지 없는 깨끗한 나라"라는 주제를 가지고 환경정책 연속 토론회를 하기도 하였다(2017년 환경정책 연속 토론회). 이 토론회에서는 미세먼지 정책비전 및 위해성 관리방안과 미세먼지 취약계층에 대한 건강영향 및 입법 개선방안 등 다양한 주제로 발표 및 토론이 이어졌다. 우리나라는 아시아권에 속하지만, 여기서 따로 분리하여 그동안의 경향 및 관련 사항을 살펴보기로 한다.

2.1 우리나라의 미세먼지에 관한 개괄

최근 우리나라에서는 환경 및 건강문제와 관련해서 미세먼지에 관한 관심이 집중되고 있다. 특히, 매년 기후변화를 비롯한 각종 환경문제와 중복되어 그 중요성이 부각되고 있는데, 미세먼지나 대기오염 문제가 매스컴에 자주 등장하면서 일반 대중 누구나 그 심각성을 인지하게 되었다. 결과적으로 이런 여건에서 미세먼지 문제가 심각하게 다루어지기 시작했고 각종 사회문제를 넘어서 국가적 문제로까지 관심받기 시작했다. 정부는 2016년 미세먼지 문제를 국가 주요 전략 프로젝트로 선정했으며, 미세먼지를 관리하려는 측면과 산업화에 이용하려는 정책을 동시에 모색하고 있다. 정부가 취하려는 미세먼지에 대한 입장은 각종 정책을 통해서 발표되고 있는 실정이며, 이에 따라 미세먼지 저감대책, 인접국과의 상호 연구 등 다양한 면에서 미세먼지 문제를 해결하려고 하고 있다.

미세먼지 혹은 대기오염의 변화를 설명하는 데는 두 가지 측면이 있다(장영기, 2016). 즉, 오염배출량의 변화와 대기오염방출 및 이동과 관계되는 기상조건이다. 예를 들어, 2016년에 봄철 한반도의 미세먼지 오염이 어느 때보다도 심각한 것으로 보고되었다. 그러나 갑작스러운 오염원 배출량 변화가 없었음에도 미세먼지 오염이 심각했던 것을 결국 기상조건 변화에 따라 미세먼지 오염이 심했던 것으로 해석되었다. 이와 같이 미세먼지는 발생 자체뿐만 아니라 미세먼지를 둘러싼 기상조건의 변화에 깊게 관련되기 때문에 결국 기상조건 변화에 따라 반복적으로 미세먼지 문제가 야기될 수 있음을 의미한다(장영기, 2016).

WHO에서는 2013년 미세먼지를 1급 발암물질로 규정하고 있으며, 미세먼지에 노출되면 면역력이 저하되고 그 외 감기, 천식, 기관지염, 폐암 등의 호흡기 질환과 심혈관 질환, 피부질환 등 각종 질병에 취약해질 수 있다고 경고하고 있다. OECD 보고서(2008)에 의하면 전 지구적으로 대기오염에 따라 매년 80만 명이 사망하고 있다고 보고되었다. 우리나라에서도 경기개발연구원의 연구결과(2013)에 의하면 수도권에서만 미세먼지의 영향으로 연간 2만 명이 조기사망, 80만 명이 폐 관련 각종 질병에 시달리고 있다고 보고하고 있다(송, 2016).

2.2 미세먼지 오염 현황 및 경향

우리나라에서 미세먼지에 관한 자료가 나오기 시작한 것은 1995년부터인 것으로 보인다. 주요 7개 도시에서 미세먼지(PM_{10})를 측정하고 매년 공표하고 있으며 최소한 PM_{10}에 대해서는 최근에 감소하는 경향을 보이는 것 같다. 그러나 우리나라에서는 황사가 많은 시기에는 미세먼지 농도를 표기하는데 황사를 포함하고 있다. 그림 4-11에는 서울과 부산에서 2001년부터

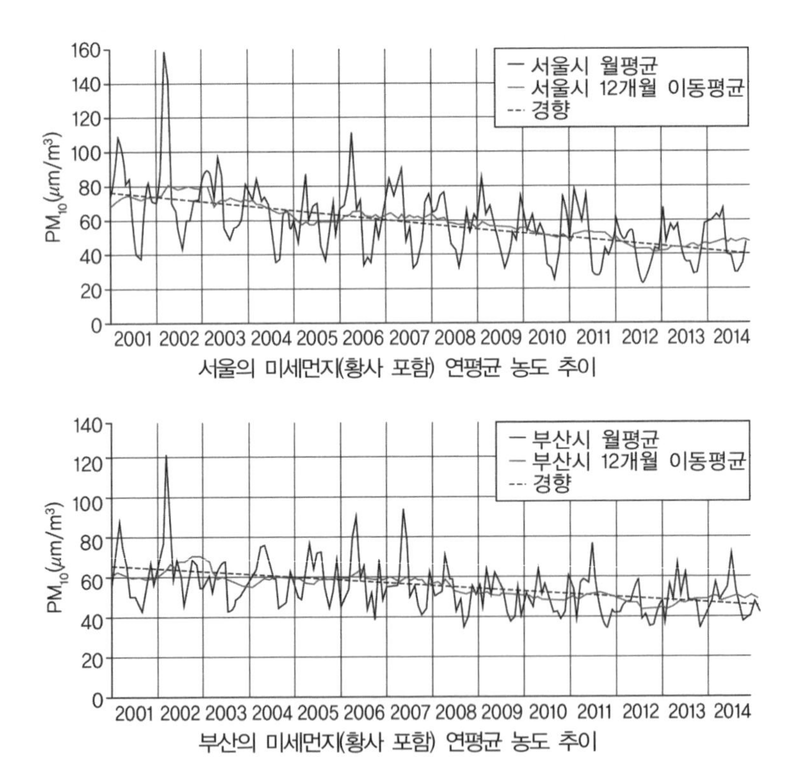

그림 4-11 서울과 부산의 미세먼지(황사포함) 연평균 농도 추이(환경부, 2016)

측정한 미세먼지(황사 포함) 농도를 보여준다. 측정이 시작된 2001년에는 서울이 부산보다 약 20μg/m^3 정도 높은 것으로 나타나고 있지만, 서울과 부산 두 곳에서는 2001년부터 2014년까지 감소하는 것으로 나타났다. WHO와 주요 국가들에 대한 PM_{10}의 현황을 살펴보면 우리나라는 중국이나 미국보다는 일평균 기준값이 낮고 일본 및 홍콩과 비슷한 수준이다. 그러나 이 기준값은 WHO에서 권고하는 기준치(50μg/m^3)보다 훨씬 높다. $PM_{2.5}$의 경우, 일평균 기준은 홍콩과 중국보다 낮고 미국, 일본, 호주보다는 높다. 그러나 WHO가 권고하는 기준값(25μg/m^3)보다는 훨씬 높다(그림 4-12).

한편 우리나라의 주요 도시에서 1996~2010년 동안 미세먼지 농도변화에 대한 연구결과가 보고된 바 있다(Sharma et al., 2014). 연구결과에 따르면 우리나라의 주요 도시에서 농도는 감소하는 경향을 보이는 것으로 나타났다. 조사 기간 중 가장 높은 평균 농도는 서울로 63±17.9μg/m^{3}이며 가장 낮은

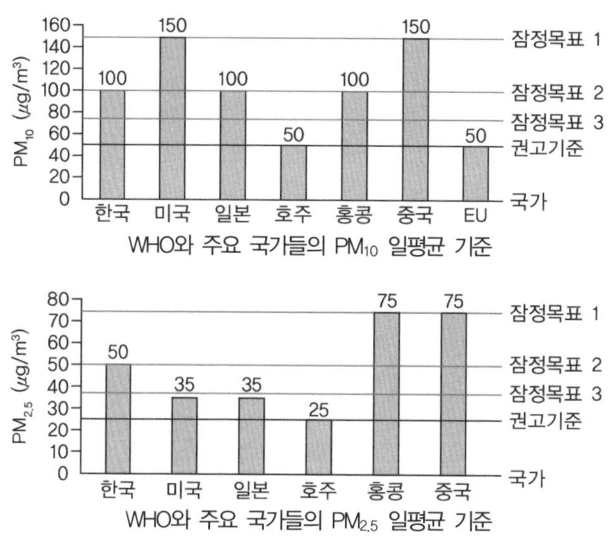

그림 4-12 주요국에서 PM_{10}, $PM_{2.5}$의 일평균 기준

농도는 울산에서 46.7±14.8$\mu g/m^3$로 나타났다(표 4-2). 또한 미세먼지(PM_{10})의 농도는 계절변화를 보이는데 봄철(3~4)월에 가장 높게 나타나고 있으며, 이들은 가스 상태 오염물질인 SO_2, NO_2, CO 등과 밀접하게 관련되는 것으로 나타났다(Sharma et al., 2014).

표 4-2 우리나라 7곳의 주요 도시에서 미세먼지(PM_{10})의 경향 및 가스형태의 오염물질(1996~2010년) (Sharma et al., 2014)

	서울	부산	대구	인천	광주	대전	울산
(A) PM_{10} 자료							
PM_{10} (μg^{-3})	63.2±17.9[a] (64.0) 25.0-149.0[b] (179)	60.4±14.6 (58.0) 34.0-122.0 (180)	62.2±17.3 (61.0) 30.0-117.0 (177)	59.9±14.7 (57.5) 29.0-110.0 (180)	49.8±14.0 (51.0) 18.0-98.0 (178)	50.8±15.8 (51.0) 21-105.0 (175)	46.7±14.8 (45.0) 17.0-104.0 (166)
PM_{10} 감소	31.9	34.2	41.4	17.9	11.8	31.7	5.9
(B) 그 외 대기기원 오염자료							
SO_2 (ppb)	6.6±3.1 (6.0) 3.0-19.0) (180) 35.0±6.4 (35.0)	9.4±5.6 (7.0) 3.0-31.0 (180) 24.5±5.2 (24.0)	8.9±5.9 (7.0) 3.0-36.0 (179) 26.6±6.2 (26.0)	8.0±2.8 (8.0) 4.0-22.0 (180) 27.9±5.0 (28.0)	5.1±2.4 (5.0) 2.0-14.0 (180) 21.0±6.2 (21.0)	7.1±9.3 (5.5) 2.0-120.0 (180) 22.5±18.8 (21.0)	11.6±5.0 (11.0) 4.0-30.0 (179) 21.6±4.1 (22.0)
NO_2 (ppb)	19.0-48.0 (179) 792.2±317.0 (700)	12.0-38.0 (180) 686.1±350.5 (600)	12.0-43.0 (177) 748.9±262.0 (700)	17.0-39.0 (180) 753.9±272.9 (700)	9.0-34.0 177 729.4±308.7 (700)	9.0-260.0 (180) 901.7±410.0 (800)	10.0-31.0 (177) 632.6±233.2 (600)
CO (ppb)	400-1800 (180) 16.5±6.4 (16.0)	300-1900 (180) 23.4±6.0 (22.0)	400-1700 (174) 19.5±7.6 (18.0)	400-2100 (180) 58.8±151.4 (18.0)	100-1800 (180) 20.6±7.3 (20.0)	400-200 (180 196.±7.8 (18.0)	200-1400 (175) 20.2±5.4 (19.5)
O_3 (ppb)	6.0-33.0 (180)	13.0-39.0 (180)	7.0-39.0 (179)	8.0-700 (180)	8.0-41.0 (180)	8.0-38.0 (179)	9.0-35.0 (180)

a. 평균±표준편차
b. 농도범위(최저-최고값), ( )는 월간 데이터 수

이렇게 미세먼지는 인간의 건강에 큰 영향을 주기 때문에 우리나라는 미세먼지 농도가 높을 때는 이에 대처하는 간단한 방안을 내놓고 있다. 물론 각 지역별로 미세먼지 농도를 공지하여 주위를 환기시키고 일반인이 있는 곳에서는 핸드폰으로 미세먼지에 대한 안내를 받을 수 있도록 하고 있다(그림 4-13). 서울시의 경우에도 매일 대기환경정보를 제공하고 있다(http://cleanair.seoul.go.kr) (그림 4-14). 또한 정부 부처인 환경부(www.airkorea.or.kr)에서도 알고자 하는 위치에서 근접한 측정소에서 측정한 미세먼지 정황을 알 수 있도록 하고 있다.

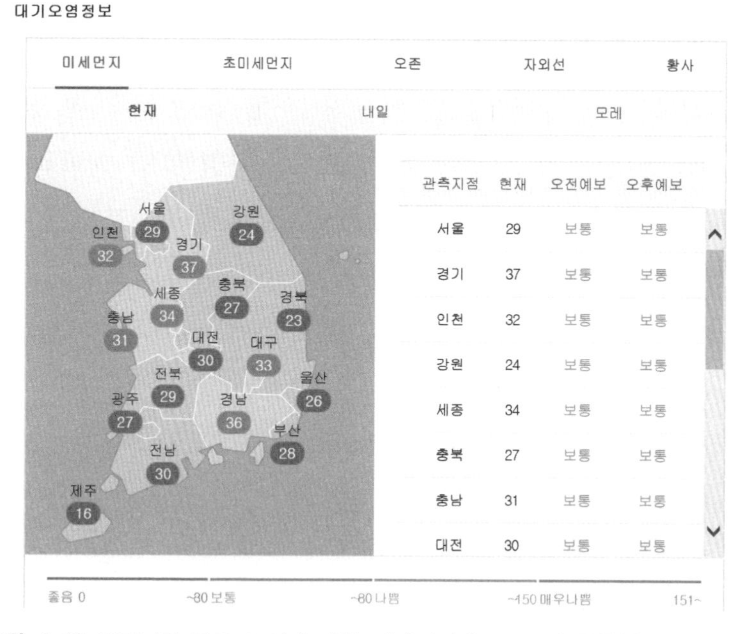

그림 4-13 우리나라 주요 도시에 대한 미세먼지 농도 공시 현황(출처 : 네이버)

그림 4-14 서울특별시의 대기환경정보(Seoul air quality information) (출처 : 네이버)

2.3 도시지역 대기오염

미세먼지의 주요 발생원은 도시에서 사용하는 각종 에너지원의 연소 등이기 때문에 일반적으로 도시지역에서 높은 오염현상을 보이고 있다. AQG(2005)의 연구보고서에 따르면 미세먼지는 확산이 비교적 쉽기 때문에 도시-농촌 간 미세먼지 농도 차이는 크지 않고 변화도 크지 않다고 기술하고 있다. 그렇지만 도시지역에서는 자동차 등에서 배출되는 배출가스의 영향 등으로 발생원으로서는 도심지역이 우선된다고 할 수 있다.

우리나라 7대 도시와 경기지역에서 이산화질소, 오존, $PM_{2.5}$에 대한 연평균 변화를 살펴보면 그림 4-15와 같다. 배출량으로는 부산이 가장 높고 광주와 대전에서 낮거나 비슷한 수준이다. 이들 배출량의 대부분은 제조업 연소에서 야기된 것으로 판단되고 있다. 그 외 생산 공정이나 도로 이동오염원 등이다. PM_{10}과 $PM_{2.5}$ 모두는 50% 이상이 제조업 연소에서 기인하는 것으로 판단되는 만큼 미세먼지 발생을 저감시키기 위한 정책에는 이런 점을 고려해야 할 것 같다.

우리나라에서도 다른 세계의 주요 대도시에서 볼 수 있는 것과 같이 대기오염물질은 배출원에서 직접 배출되는 형태의 1차 오염물질과 다른 전구물질이 대기 중에서 화학반응을 통해 만들어진 2차 오염물질로 나눌 수 있다. 1차 오염물질로 간주되는 미세먼지는 주로 연소시설의 굴뚝, 자동차 배기구 등에서 배출되며 2차 오염물질은 대기 중에 이미 배출되어 있는 황산화물, 질소산화물, 암모니아 등이 대기 중에서 화학반응을 일으켜 오염물질로 작용하는 것이다.

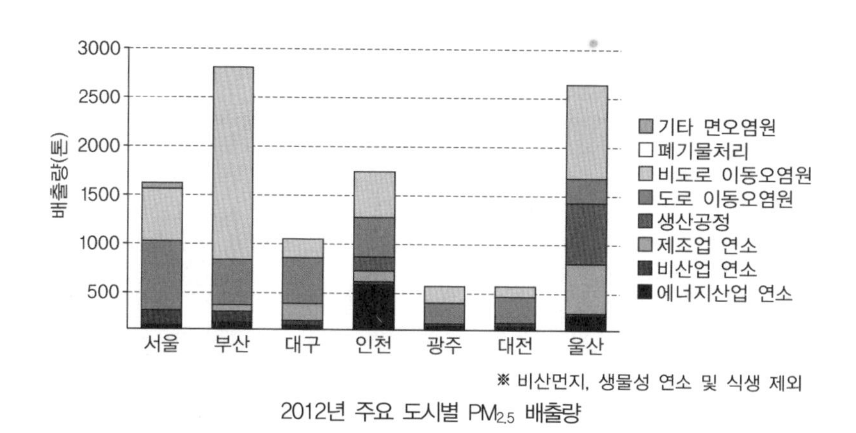

2012년 주요 도시별 $PM_{2.5}$ 배출량

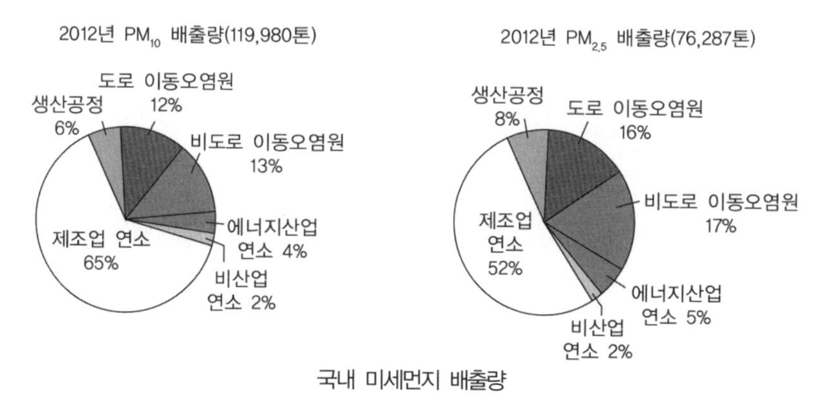

국내 미세먼지 배출량

그림 4-15 우리나라 주요 도시에서 미세먼지 $PM_{2.5}$ 배출량과 주요 오염원(환경부, 2016)

2.4 일본과 중국의 미세먼지 예보 및 현황

우리나라와 마찬가지로 인접국인 일본과 중국도 미세먼지에 각별한 주의를 기울이고 있다. 일본은 초미세먼지 농도를 우리나라보다 더 엄격하게 경고하고 있다. 즉, 우리나라에서는 $PM_{2.5}$인 경우 그 농도가 50$\mu g/m^3$까지를 보통으로 표시하고 있으나 일본은 $PM_{2.5}$가 36 이상이면 주의로 표시하여 경고를 보내고 있다(그림 4-16, 일본기상협회).

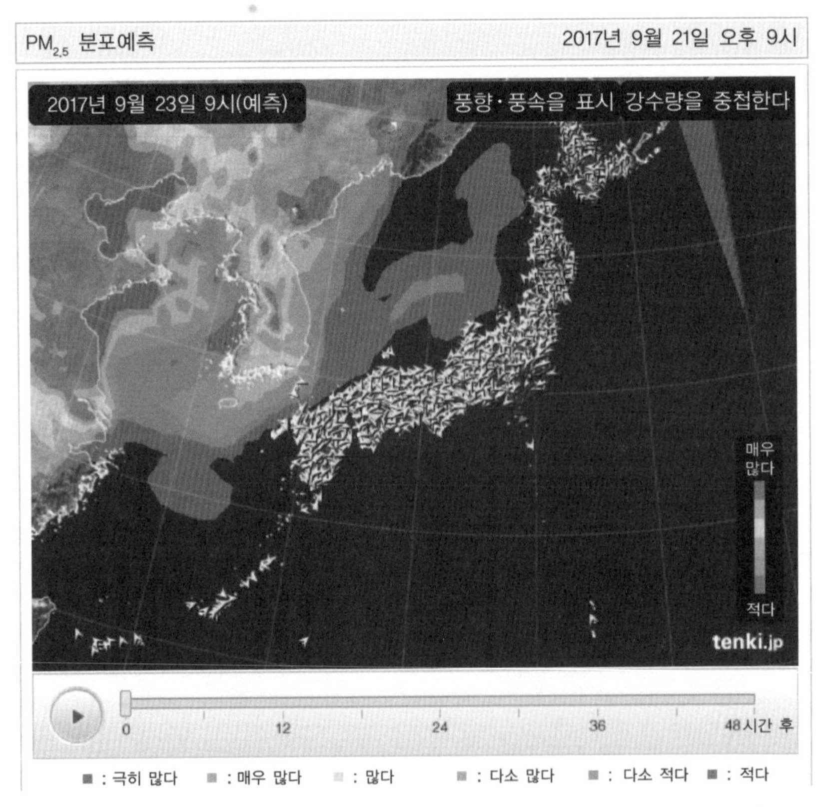

그림 4-16 일본기상협회에서 상시적으로 공시하고 있는 일본과 일본 주변에서 $PM_{2.5}$ 분포 예상도. 한반도와 중국대륙은 상당히 높은 $PM_{2.5}$가 분포하는 반면, 일본열도에서는 매우 적은 것으로 나타나고 있다.

한편 중국에서 초미세먼지 오염현상은 심각한 수준이다(그림 4-17). 다행스럽게도 초미세먼지는 그렇게 멀리 이동되지 않고 바람의 방향이나 속도(velocity)에 따라 다르지만, 중국이 심하게 오염되었을 경우 한반도와 일본에 큰 영향을 준다. 그림 4-17에서 보는 바와 같이 중국의 대기는 매우 혼탁하고 오염되었지만, 상대적으로 일본은 깨끗하다. 중국의 심각한 대기질이 어떻게 한반도나 일본에 이동되는지를 알아보기 위해서는 수 주 또는 한 달 정도의 시간을 가지고 관찰해야 한다. 2015년 Richard Muller에 의해 보고된 다음 그림은 중국 Beijjng에서는 이 정도의 오염현상을 남녀노소 불문하고 하루에 담배 한 갑이나 두 갑 정도를 피우는 것에 해당한다고 주장하고 있다(http://berkeleyearth.org/air-pollution-overview).

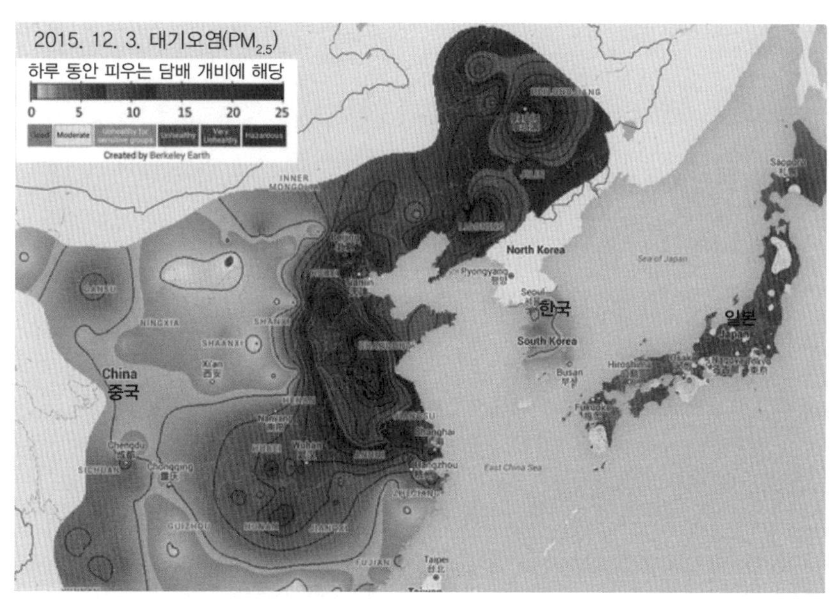

그림 4-17 한·중·일의 초미세먼지($PM_{2.5}$) 현황.
2015년 12월(web site Air Quality Real-time Map-Berkeley Earth)

이와 같이 중국에서 미세먼지는 심각한 수준으로 보고되고 있기 때문에, 매년 심각해지는 황사현상과 결부되어 과학적 연구대상이 되고 있다. 이러한 여건을 감안하여 중국에서는 최근 다양한 연구결과가 공표되고 있는데 그중에 베이징 상공으로 유입되는 에어로졸에 대한 연구결과를 공표하였다(그림 4-18). 중국과학원(CAS)은 장웨이준 CAS 허페이물리학연구소 교수팀에 의해 밝혀진 연구결과는 국제학술지 '대기환경(Atmospheric Environment)'에 9월에 게재되었다.

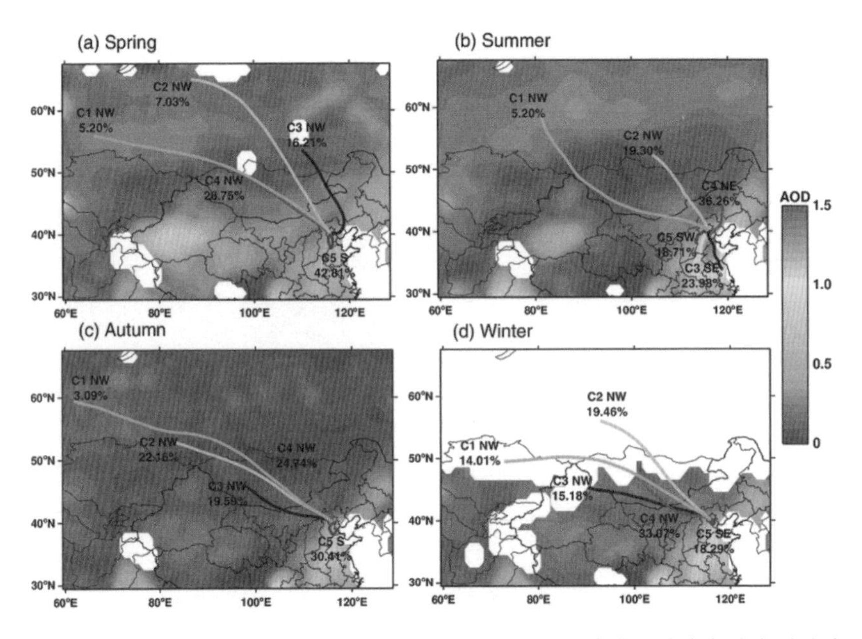

그림 4-18 최근 연구결과 중국 베이징으로 들어오는 미세먼지는 계절에 따라 달라지는 것으로 보고되었다. (한국과학기자협회, 2017. 9. 20.)

연구결과에 따르면, 계절에 따라 베이징 상공의 기둥형 에어로졸의 수직 조성은 천차만별로 달라지는 것으로 나타났다. 봄철에는 전반적으로 황사와 같은 굵은 입자가 모든 기단에서 가장 큰 비중을 차지한 반면, 여름에는 남쪽으로부터 다습한 공기가 올라오면서 에어로졸 입자가 전반적으로 매우 축축해졌고, 때문에 광흡수율과 빛의 굴절률이 모두 낮아지는 특성을 보였다. 또한 가을과 겨울에는 블랙카본과 브라운카본의 비중이 다른 계절에 비해 상대적으로 높아졌으며, 블랙카본의 경우 기단별 농도 차이가 크지 않았지만, 브라운카본은 중국 북서쪽에서 뻗어온 기단에서 유독 높게 나타나는 특징을 보인다. 이 시기에는 중국의 북부지방에서 전체적으로 석탄을 이용해 난방을 하기 때문이라고 설명했다.

이렇게 중국 베이징 지역을 뒤덮은 기둥형 에어로졸(초미세먼지)의 물리적 특성이 계절마다 기단에 따라 크게 달라진다는 사실이 밝혀졌다. 이것은 에어로졸이 대류를 타고 이동하면서 혼합되고 있음을 지적해주고 있다. 그러나 연구팀은 컴퓨터 시뮬레이션 프로그램을 이용해 크게 5개 클러스터로 나뉘는 기단의 일일 이동 경로를 추적했고 그 결과 '에어로졸 로보틱 네트워크(AERONET·에어로넷)'에서 얻은 각 기단의 광학적 데이터에서 블랙카본(BC)과 브라운카본(BrC), 먼지(DU), 에어로졸 수분(AW), 황산암모늄 미세입자의 수직적 질량 분포를 추정했다.

블랙카본과 브라운카본은 유기화합물이 불완전연소를 하면서 나오는 그을음으로 주로 탄소로 이뤄진 고분자 덩어리로 간주된다. 블랙카본은 플라스틱 등 공업품을 고온에서 태울 때 주로 발생하고, 브라운카본은 바이오매스(에너지원으로 사용되는 생물체)를 연소시킬 때 주로 발생한다. 황산암모늄은 화력발전소 등에서 배출된 아황산가스(SO_2)가 산화된 형태다(한국과학기자협회, 2017). 기술한 바와 같이 이와 같은 현상은 에너지원으로 석탄을 이용하는 계절이 다르기 때문인 것으로 판단되며, 에어로졸 성분의 지역별 기여도를 정량적으로 산정하는 데 활용할 수 있다면 더 광범위한 지역에 대한 에어로넷 데이터를 이용할 수 있는 경우에는 특정 지역의 대기질을 예측할 수도 있을 것으로 전망된다고 하였다(한국기자협회, 2017, http://english.cas.cn/newsroom/search-nesw).

3. 인간의 건강에 대한 미세먼지의 영향

2장에서 기술한 바와 같이 미세먼지는 인간의 건강에 중요한 영향을 미친다. 특히 초미세먼지로 분류되는 $PM_{2.5}$의 경우 중요 미세먼지의 구성요소가 되는 이산화황, 이산화질소 등은 인간의 건강에 치명적인 영향을 주는 것으로 보고되고 있다. 그러므로 대기오염 혹은 미세먼지에 인간이 장·단기간에 걸쳐 노출된다는 것은 매우 중요한 일이다. 오염물질에 노출된다는 개념은 두 가지 측면에서 중요하다고 할 수 있다. 즉, 인간의 건강에 영향을 준다는 관점과 인간이 노출되는 시간을 감소시키기 위한 위험관리 측면이다(AQG, 2005).

오염원에 노출되는 것은 주로 우리들의 거주하고 있는 주변 환경에서 오염물질의 농도와 우리들이 그러한 환경 중에 얼마 동안 노출되었느냐 하는 시간에 의해 결정된다.

당연히 미세먼지에 얼마나 오랫동안 노출되느냐에 따라서 인간이 경험하는 건강문제는 달라질 수밖에 없는 것이다. 그림 4-19에서는 대기오염에 노출되었을 때 일어날 수 있는 건강상 여러 상태를 나타내고 있다.

일반적으로 대기오염에 노출된 시간과 그 반응은 비례관계에 있는 것으로 나타났다. 즉, 특정 오염원과 사망률은 원칙적으로 비례한다는 것이다. 그러나 경우에 따라서 이런 비례관계는 다소 변화할 수도 있는데, 기후조건이나 인구밀도 등이 오염노출과 관계되는 것으로 알려졌다. 예를 들어,

임의의 오염원에 대한 노출과 반응을 조사한 결과 심혈관질환으로 인한 사망은 유럽 남부지역 도시에서 심한 반면, 호흡기질환에 의한 사망은 유럽 동부지역의 도시에서 심하게 나타났다.

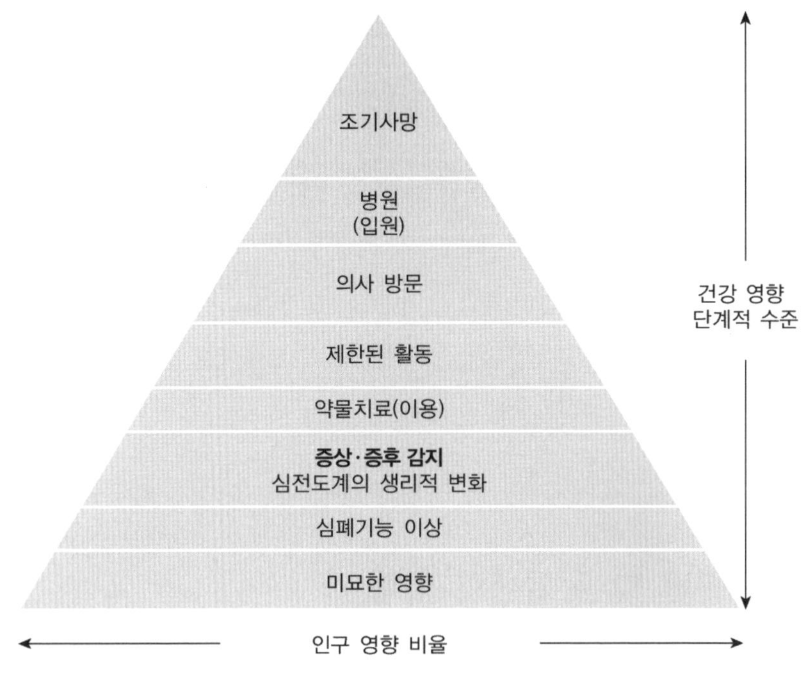

그림 4-19 대기오염에 노출되었을 때 일어날 수 있는 각종 질병과 그 상태(AQG, 2005)

4. 산업 및 공업에 대한 영향

미세먼지는 산업 활동에도 큰 영향을 주는 것으로 평가받고 있다. 예를 들어, 반도체와 디스플레이 산업은 0.1μg 미세먼지 입자에도 매우 민감하기 때문에 반도체를 만들 때는 절대 미세먼지에 노출되지 않은 환경에서 만들어야 한다. 이를 위해 각종 클린룸을 설비하고 완전하게 안전하고 오염이 안 된 환경에서 제조되어야 함은 말할 필요가 없다. 반도체와는 다소 다른 면이지만, 자동차 산업에서도 미세먼지에 적지 않은 영향을 받는 것으로 판단되고 있다. 미세먼지가 많다면 도장 공장에서 미세먼지 영향을 받을 수가 있으며 그 외 자동차 생산의 자동화 설비에서도 미세번시로 인한 각종 피해가 발생할 수 있다.

산업 활동과 직접적으로 관련된 비행기, 배의 운항 등에도 미세먼지 농도는 영향을 미칠 수 있다. 미세먼지가 아니더라도 짙은 안개로 인해 항공기 운항이 지연되는 경험이 많을 것이다. 마찬가지로 미세먼지로 인해 가시거리가 떨어지게 되면 비행기나 여객선 등의 운항에도 차질이 빚어지게 되는 것은 자명한 일이라 할 수 있다.

5. 생태계 및 농업에의 영향

미세먼지는 그 성분이 다양한 만큼 인간의 건강뿐만 아니라 생태계 전반에 영향을 주는 것으로 알려지고 있다. 물론 이런 직접적인 영향 외에도 농업에 영향을 주기 때문에, 농업으로 발생되는 농작물을 인간이 섭취한다는 점에서 2차적 영향을 주기도 한다. 농작물에는 직접 영향을 주는 것으로 알려지고 있다. 즉, 대기 중 미세먼지의 주요 구성성분인 이산화황(SO_2)이나 이산화질소(NO_2)를 많이 포함하고 있는 미세먼지는 자연적 강우에 산성비를 가져오게 됨으로써 토양과 물을 산성화시키고 토양을 황폐화하거나 생태계에도 피해를 주는 것으로 보고되고 있다. 기타 산림수목과 식생에도 손상을 일으킬 수 있는 것으로 평가받고 있다(주, 미래산업리서치, 2017).

미세먼지에는 각종 유해한 미세 중금속이나 카드뮴 등이 포함되는 경우도 있는데, 이런 경우 이런 물질이 또 다른 미세먼지와 결합하거나 비(강우)와 결합했을 경우 농작물, 토양, 수생식물에 큰 피해를 줄 수 있는 것으로 판단되고 있다. 미세먼지는 입자 크기가 다양한데 경우에 따라서는 식물의 잎에 부착하여 잎의 기공을 막고 광합성 등을 저해할 수 있을 것으로 판단되고 있다. 이렇게 미세먼지는 농작물과 생태계에 영향을 줄 수 있는 것으로 평가받고 있다.

보다 큰 의미에 있어서 미세먼지는 최근에 지구촌 최대 이슈인 기후변화 문제와도 깊이 관련되어 있다. 기후변화 문제가 새롭게 등장한 지구상 최고의 문제임이 틀림이 없지만, 이 기후변화와 관련해서는 다시 미세먼지와 긴밀한 관계에 있다고 할 수 있기 때문이다. 즉, 기후변화, 지구온난화와 관련된 대기 중 먼지(미세먼지)도 관심을 끌고 있는데 이는 대기 중 미세먼지, 먼지, 일종의 대륙의 건조화에 따른 먼지발생은 기후를 변동시킬 수 있기 때문이다(McTainsh and Strong, 2007). 보다 직접적으로 언급하면 대기성 먼지의 양은 대기온도를 낮추거나 대기 중 이산화탄소 농도를 변화시키기 때문이다.

조금 더 구체적으로 살펴본다면 최근 연구결과 미세먼지는 다양하게 생태계 및 식물 성장에 영향을 주는 것으로 보고되고 있다(Rai et al., 2016). 이들 연구에서는 미세먼지가 식물에 영향을 주는데 주로 3가지 측면으로 고려하고 있다. 즉, 1) 식물의 형태에 영향을 주는 것, 2) 식물의 생리적 측면에서 영향을 주는 것, 그리고 3) 생화학적 측면에서 영향을 주는 것으로 구분하여 설명하고 있다(그림 4-20).

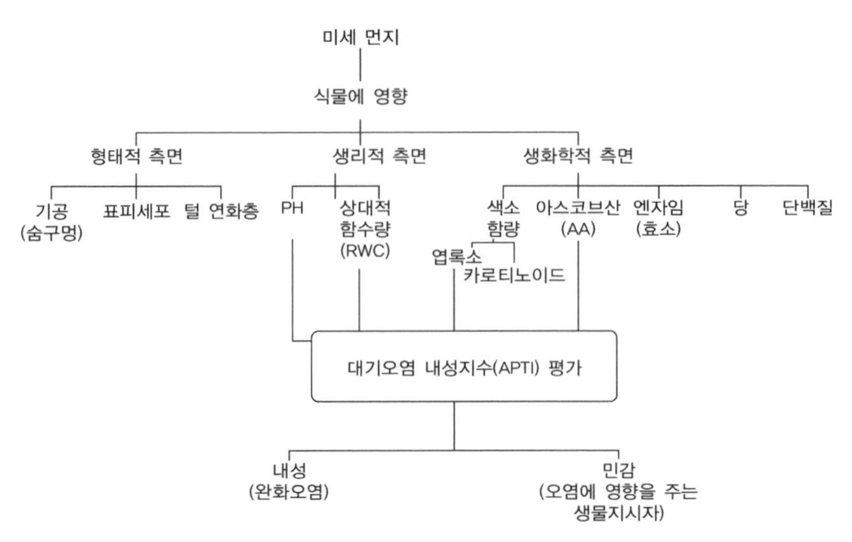

그림 4-20 미세먼지가 식물에 영향을 주는 세 가지 측면(Rai et al., 2016)

그들은 이 연구를 통해서 미세먼지가 식물의 생장 및 광합성, 생리적인 면에서 큰 영향을 주는 것으로 결론 내리고 있다. 특히 미세먼지가 기공을 차단하거나 또 다른 피해를 입히면 식물은 일정 부분 외부침입(미세먼지)에 내성을 가지고 있기는 하지만 형태적 혹은 성장에 큰 피해를 입는 것으로 보고하고 있다(Rai et al., 2016).

5.1 해양생태계의 영향

미세먼지, 대기성 먼지는 해양생태계에도 큰 영향을 미치는 것으로 판단된다. 최근에 발달한 인공위성이나 리모트 센싱 기술에 의하면 육지기원의 먼지는 먼 거리를 이동하여 해양으로 전달되며 해양생태계에 상당한 영향을 주는 것으로 보고되었다(Jickells and Spokes, 2001). 예를 들어, 사하라 사막에서 모래폭풍이 일어났을 때는 카리브해에서 플랑크톤의 대증식이 일어난다고 보고되었다(Lenes et al., 2001; Griffin et al., 2003). 이것은 육원성 에어로졸이 플랑크톤 성장에 도움이 되는 영양염류를 많이 공급하기 때문이다. 결국, 육지로부터의 다량의 제한 영양염류(예, 철)를 해양으로 공급하는 효과를 가져와 해양에서 기초생산이 활발하게 일어나게 되고, 이것은 다시 대기 중 이산화탄소 농도를 낮추는 역할을 하게 된다. 이와 같이 육지기원 미세먼지(황사)는 해양으로 철 성분이 많이 포함된 영양염류를 공급하는 역할을 함으로써 해양에서 생물생산(광합성)이 증가하게 되고, 결국 대기 중 이산화탄소를 낮추는 역할을 하게 되는데 이런 종류의 일련의 사실에 대해서는 많은 연구사례가 있다(Watson et al., 2000). 빙기－간빙기라는 지질학적 시간 스케일에서는 거의 모든 빙기에는 중위도에서 생물생산에 증가하는 경우가 보고되었는데, 그 주된 요인의 하나로 대륙에서 발원한 철 성분을 다량 함유한 황사가 주목받고 있으며, 이런 황사의 공급 또한 빙기－간빙기의 주기적 변화를 보이는 것으로 보고되고 있다(Maher et al., 2010).

대륙기원의 황사나 미세먼지와 관련되어 장주기적인 기후변화와 어떻게 관련되어 있는지, 범지구적 경향은 어떤 행태를 보이는지 등에 대해서는 이 책의 부록에 기술된 황사 편에서 구체적으로 연구사례를 기준으로 다루기로 한다. 또한 철 가설 등 황사를 포함한 미세먼지 등이 해양으로 유입되었을 때 해양생태계의 변화가 초래되고 다시 큰 스케일에서 지구의 기후변화와 밀접하게 관계된다고 보고되고 있다(Maher et al., 2010). 이와 같은 점을 고려해서 한국해양과학기술원(KIOST)에서는 현장 중심의 미세먼지 연구사례와 실적을 위주로 하여 미세먼지에 관한 전문 서적을 준비 중에 있다. 가까운 시일에 출간을 목표로 하는 이 책에는 인공위성을 이용한 미세먼지 연구결과를 비롯하여 다양한 분야의 연구결과가 수록될 예정이다.

CHAPTER 05

미세먼지 저감정책, 대응 및 국제적 협력

05 미세먼지 저감정책, 대응 및 국제적 협력

1. 일반적 특성

미세먼지는 인체에 직접적인 영향을 줄 뿐만 아니라 기후변화와 같은 자연환경과 주변의 생활환경 등 다양한 면에서 인간 생활에 큰 영향을 주는 것으로 보고되고 있다. 지구온난화로 대기 중 이산화탄소 농도가 높아짐에 따라 각종 사회경제적 면에서 영향을 받는 것처럼, 최근의 미세먼지는 환경 그 자체뿐만 아니라 인간 생활을 둘러싼 모든 면에 관련되고 있기 때문에 더욱 중요하다. 따라서 대기에 존재하는 미세먼지를 어떻게 저감시킬 것인가? 그리고 어떻게 인간에게 주는 나쁜 영향을 최대한 줄일 수 있을까 하는 문제는 미세먼지 연구의 핵심적 사항이라 할 수 있다.

미세먼지 발생을 억제하려는 노력을 하려고 한다면, 미세먼지 발생과 이동 등에 관한 것부터 생각하는 게 당연할 것이다. 즉, 미세먼지 발생은 산업활동이나 인간 활동의 결과로 배출되는데 어떤 화석연료에서 많이 배출되는가, 또는 어떤 에너지원을 사용하면 미세먼지 배출을 효과적으로 줄일 수 있는가, 같은 에너지 사용 효율을 얻으면서도 미세먼지 배출을 줄이는 에너지원은 어떤 것이 있는가 하는 다양한 면을 고려해야 한다. 또한 미세먼지 저감정책은 국가의 에너지 정책, 산업정책, 또는 인접국가와의 외교정책 등과 밀접하게 관계되기 때문에 이러한 모든 면을 고려해야 한다.

보도에 따르면, 우리는 2015년 대비 2023년까지 초미세먼지 농도를 절반까지 감축하려는 목표를 세우고 있다. 이 감축목표는 청정한 대기환경을 만들고 건강한 사회생활을 유지하기 위한 기본적 여건으로 생각되는 수치이다. 그러나 이 감축목표는 경제정책, 산업정책 등을 아우르는 국가의 정책임과 동시에 사회 구성원인 모든 시민이 협력해서 감축해야 하는 우리 모두의 문제이기도 하다.

이와 같은 미세먼지 문제는 사회경제적 중요성과 인간의 생활과 밀접히 관계되고 있기 때문에 특히 인위기원의 미세먼지는 지속적으로 감축되거나 감출할 수 있는 노력을 해야 할 것이다. 미세먼지는 2, 3장에서 기술한 바와 같이 대기를 통해서 먼 거리를 이동하는 특징이 있다. 다행히 인간의 건강에 치명적 영향을 주는 $PM_{2.5}$는 수백 km의 범위 정도로 그 이동이 제한된다고 알려지고 있으며 이동은 바람의 방향이나 속도에 의존한다. 미세먼지가 기상여건 등과 관련되어 이동된다는 관점에서는 인접국가와의 긴밀한 공조를 통한 연구나 대책수립도 필요한 실정이다.

이미 언급했지만 미세먼지 발생원은 정부의 산업정책과 밀접하게 관련되기 때문에, 감축을 위해서는 정부가 주도하는 감축방향이나 정부가 설정하고 있는 각종 법률적, 정책적 계획을 우선적으로 살펴봐야 할 것이다. 이런 점을 고려하여 이 장에서는 미세먼지를 정책적으로 어떻게 규정하고 감축하려고 하는지 우리나라에서 계획된 내용을 중심으로 살펴보기로 한다.

국가의 미세먼지 정책과 더불어 자연과학으로서의 미세먼지 저감방법, 생활 주변에서의 미세먼지 저감방법 등 기존에 알려진 내용에 대해서도 간단히 알아보기로 하고 그 외 국외에서 미세먼지 저감정책과 국제적 연구나 협조 등에 대해서도 살펴보기로 한다.

2. 우리나라의 정책과 방향

2.1 미세먼지와 주요 정책 및 사업

미세먼지 배출저감을 위해 가장 먼저 취해야 할 입장은 정책적, 제도적 장치를 마련함으로써 강제적 또는 반강제적으로 배출을 억제할 수 있도록 유도하는 것이다. 결국 산업 활동 등 사회 전반에서 미세먼지를 배출할 수 있는 사업장 등에 대해 제도적으로 배출을 억제할 수 있도록 해야 할 것이다. 이미 수차례 언급했듯이 미세먼지는 인간의 건강에 치명적 영향을 줄 수 있으며, 그로 인해 막대한 사회경제적 비용지출이 예상되기도 한다. WHO의 국제 암연구소(IARC)에서는 2013년에 1급 발암물질의 하나로 미세먼지를 선정했으며, WHO의 발표에 따르면 2014년 한 해 동안 미세먼지로 인해 조기사망한 사람은 전 세계적으로 700만 명에 이른다는 통계이다.

국제 대기질 평가보고서에 따르면 우리나라는 180국의 환경성과 지수(EPI; Environmental Performance Index)에서 80위에 머물고 있는 실정이다. 또한 대기질을 결정하는 데 중요한 역할을 하는 $PM_{2.5}$의 국가별 기준값을 본다면, 우리나라는 WHO 권고값의 2배에 해당하는 $50\mu g/m^3$로 설정하고 있어 미국이나 일본의 기준값($35\mu g/m^3$)보다도 훨씬 느슨하게 설정하고 있는 실정이다. 우리나라에서 연평균 농도는 WHO(10$\mu g/m^3$)에 비해 2.5배가 높은 25$\mu g/m^3$로 설정하고 있기 때문에 보다 강화된 규제 혹은 배출억제 대책이 필요한 실정이다. 다음 표에서 선진국과 WHO에서 권고하는 기준치와 관련 자료를 보면 잘 알 수 있다.

표 5-1 국가별 미세먼지 $PM_{2.5}$ 기준값 및 WHO 권고값

항목	기준시간	호주	EU	WHO	영국	캐나다	미국	일본	한국	중국	
										1급	2급
$PM_{2.5}$ ($\mu g/m^3$)	24시간 평균	25		25		30	35	35	50	35	75
	연간 평균	8	25	10	25		15	15	25	15	35

우리나라에서도 이와 같은 현실을 직시하여 미세먼지 배출관리, 배출에 따른 대응 및 미세먼지 영향과 피해에 대비하고 있는 실정이다. 미세먼지 발생은 자연적인 것과 인위적인 요인으로 발생하기 때문에 당연히 건강영향을 고려할 때는 인위적 요인에 의해 발생되는 것에 초점을 맞추어 개선방향을 고려해야 할 것이다. 따라서 미세먼지에 대한 입법 개선방향의 대전제는 "미세먼지로부터 아이들의 학습권과 건강권을 보호하자"라는 데 있다고 할 수 있다(전홍표, 2017, 미세먼지의 취약계층 건강영향 및 입법 개선방향). 미세먼지는 기술한 바와 같이 노인 및 영유아에 특히 위해하기 때문에 성장기에 있는 영유아에 있어서 더욱 중요하게 간주되고 있는 실정이다. 특히 학교에 등교할 때의 연령은 성장기이며, 학교나 실외 활동에 노출되기 쉬운 환경에 처해지기 때문에 미세먼지 노출에 각별한 주의를 필요로 한다. 현실적으로 미세먼지 농도가 높은 경우에도 학교에 등교하거나 실외

활동을 완전히 차단할 수 없는 현실적 문제가 있기 때문에 사전에 주의를 환기시킨다거나 가급적 노출시간을 줄여야 할 것이다.

미세먼지와 건강과의 중요성을 감안하여 환경부와 국립환경과학원에서는 “산모와 영유아를 위한 환경보건 가이드”를 발표한 바 있으며 미세먼지를 포함한 오염된 공기에 노출되지 않도록 당부하고 있다. 미국의 환경보호국에서는 대기질 깃발 프로그램(Air Qulity Flag Program : 미세먼지 농도에 따라 깃발을 게양하여 미세먼지 위험에 대비하는 프로그램)을 실시한 바 있다. 비슷하게 경상남도에서는 미세먼지로부터 아이들의 학습권과 건강권을 보호하기 위해 다양한 프로그램을 구상하고 있다. 이 주된 요지는 1) 미세먼지 교육을 선도하는 학교를 확대하여 운영하기로 한 것이다. 2016년 20개 교에서 2017년에는 50개 교로 확대하는 것과 국가 측정망 설치장소 인근 학교에서 미세먼지 측정기를 설치하고 운영할 것, 2) 교육과정 내 미세먼지 관련 수업 시수를 확보하는 것이다. 즉, 개정교육과정에서 안전한 생활을 위한 교육과정을 개정하는 것과 범교과 학습 및 창의적 체험활동으로 안전과 건강 교육을 강화하는 것이며, 3) 미세먼지 교육 프로그램을 개발하고 보급에 힘쓰는 것이다. 또한 미국에서 시행한 깃발 프로그램과 유사한 미세먼지 농도에 따른 깃발 색상을 달리하여 주위를 환기시키는 노력을 계획하고 있다(전홍표, 2017. 환경정책 연속 토론회).

구체적으로 일부 학자는 다음과 같은 미세먼지 저감정책을 위한 구체적 방안을 제시하고 있다(전홍표, 2017. 미세먼지 취약계측 건강영향 및 입법 개선방안).

① 미세먼지 측정망을 좀 더 세밀하게 구축할 것

② 대기환경 기준을 현 WHO 잠정단계에서 WHO 권고안으로 상향 조정 할 것
③ 정부는 대기오염물질 배출에 대한 감시와 처벌을 강화할 것
④ 석탄, 화력발전소 증설 계획을 재고하고, 재생에너지 비율을 높일 것
⑤ 가벼운 과징금으로 대체할 수 없도록 대기환경보전법을 개정할 것
⑥ 배출가스 저감 지원사업과 어린이 통학차량 지원을 우선 대상으로 한 정책을 펼 것
⑦ 환경부, 교육부, 지자체, 교육청 등에서 미세먼지 정책과 인식변화를 유도할 것 등

미세먼지 특별대책과 이행계획

정부는 미세먼지의 중요성, 환경 위해성을 인지하고 2016년 관계 부처 장관회의를 개최하여 미세먼지를 관리하기 위한 특별대책을 발표하게 되었다. 특별대책의 동기는 미세먼지가 국민의 안전과 건강을 위협하는 중대한 환경재난임을 인식하고 미세먼지 문제를 해결하기 위해서 관계부처 합동으로 총력 대응하기로 한 것이다. 구체적으로는 기존에 수립된 계획을 앞당겨 시행한다는 신규대책을 발표하기에 이르렀다. 정부가 확정 발표한 "미세먼지 관리 특별대책"의 주요 내용은 다음과 같다.

1) 국내배출원의 집중 감축 : 미세먼지의 오염기여도와 비용효과를 고려하여 국내에서 주요 배출원(수송, 발전, 산업, 생활주변)에 대한 대폭적인 미세먼지 감축을 추진한다. 구체적으로는 미세먼지를 다량으로 배출하는 경유차나 건설기계 관리강화와 함께 전기자동차 등 친환경

차 보급을 확대하기로 하였다. 또한 대기오염이 심한 경우에는 자동차 운행을 선택적으로 제한하기로 하였다.

2) 경유차의 질소산화물에 대한 인증기준에서 온도나 급가속 등을 고려한 실도로기준을 도입하고 차량 소유자의 이행의무를 강화하기로 하였다. 노후 경유차에 대한 저공해사업을 지속적으로 추진하여 조기폐차사업을 확대하기로 하였다. 또한 모든 노선 경유버스를 친환경적인 CNG버스로 단계적으로 대체하기로 하였다.

3) 친환경차(Green Car) 보급을 확대하기로 하였다. 즉, 2020년까지 신차 판매의 약 30%를 전기차 등 친환경차로 대체하고 주유소의 25% 정도 수준으로 충전 인프라를 확충하는 계획을 수립하게 되었다.

4) 발전소의 미세먼지 발생억제를 위해서 노후 석탄발전소 10기를 친환경적으로 처리하기로 했다. 처리는 폐지, 대체, 연료전환 등을 의미한다. 구체적으로는 신규 석탄발전소(9기)에 대해 영흥 화력발전소 수준의 배출기준을 적용하기로 했다(주, 미래산업리서치, 2017).

5) 또한 일상생활과 관련되는 공장 등 사업장에서 미세먼지 배출을 억제하기 위해서 사업장의 배출허용 기준을 강화할 예정으로 있다. 생활주변 미세먼지 관리를 위해 도로먼지 청소차 보급, 건설공사장의 자발적 협력 체결 및 현장 관리점검(방진막, 물뿌리기, 세륜 등)을 강화할 계획이다.

6) 산업정책을 전환함으로써 미세먼지 배출저감을 위한 노력도 병행하기로 했다. 친환경 건축물을 확산하거나, 태양광 등 친환경 에너지 중심의 스마트 도시산업 확대와 신산업 육성을 계획하고 있다. 학교 태양광, 신재생에너지, 전기차, 이산화탄소 포집 등 다방면에 걸친 산업

정책 전환을 꾀하여 미세먼지 배출억제를 계획하고 있다.

미세먼지 관리 및 대책 세부 이행계획

우리 정부는 미세먼지 특별대책 이행을 위해 후속 대책으로 "미세먼지 특별대책 세부 이행계획"으로 보완하고 확정했다. 이것은 특별대책의 실효성 있는 이행을 뒷받침하기 위한 것으로 추가적인 미세먼지 저감대책을 도출하기 위한 것이다. 세부 사업별 주요 내용은 다음과 같다. 이 절은 (주)미래산업 리서치의 연구보고서 결과를 인용, 발췌했음을 밝힌다.

1) 경유차 미세먼지 저감대책

에너지 상대가격의 합리적 조정방안을 검토하고 노후 경유차 운행제한제도(LEZ; Low Emission Zone)의 구체적 시행방안을 마련하기로 했다. 또한 선박에서 배출되는 대기오염물질을 저감하기 위한 방안으로 환경부(국립환경과학원)와 해양수산부(한국선급)가 합동으로 선박별 미세먼지 배출량을 산정하고 구체적인 저감방안을 마련할 계획이다.

2) 화력발전소 미세먼지 저감대책

우선 석탄 화력발전소 미세먼지 저감방안을 확정할 예정이다. 특히, 20년 이상 된 발전소에 대해 성능개선 사업과 오염물질 설비에 대한 대대적 교체방안을 마련하여 오염물질을 저감할 예정이다.

3) 주변국과의 환경협력

환경 분야에서 주변국과 협력을 더욱 강화하여 가시적으로 미세먼지 저감성과를 거두고 해외 환경시장 진출기회를 적극적으로 활용할 예정이다. 특히 한·중·일 환경장관회의(TEMM) 및 대기정책대화를 통해 대기오염방지, 대기질 모니터링 협력을 강화하는 한편, 한·중 비상채널(Hot-line)을 구축하여 대기오염 악화 시 긴밀하게 협력하기로 한다.

4) 미세먼지 예보, 경보 개선 및 기술개발

정부는 미세먼지 문제와 관련해서 세부 이행계획을 수립하고 있는데 세 가지 대분류로 미세먼지 해결을 위해 세부 이행계획을 수립했으며, 각각에 대해 중분류와 세부 기술을 직시하고 있다(표 5-2).

표 5-2 미세먼지 저감 대책과 기술개발의 주요 내용(미래창조과학부 보도자료, 2016)

대분류 (3)	중분류 (10)	세부 기술(25)	기술 내용
현상 규명 및 예측	원인 규명 연구	생성 및 변환 규명	인위적 및 자연적 생성, 변환, 소멸 규명
		오염원 규명	미세먼지 오염원 규명 및 기여도 추정
	현상 진단 및 측정·조사	배출원 조사	배출량 산정 및 배출특성, 배출계수 연구
		측정·분석 기술	측정자료 정확도/정밀도 향상을 위한 측정·분석 기술개발
		상시 및 집중 측정	실시간, 3차원, 집중 측정 등을 통한 감시 및 현상 진단
	대기질 모델링	미세먼지 예측·예보·진단 모델링	미세먼지 예보모델 정확도 향상 및 모델을 이용한 현상 규명 연구
		기후영향평가 모델링	미세먼지에 의한 기후영향평가 모델링

표 5-2 미세먼지 저감 대책과 기술개발의 주요 내용(미래창조과학부 보도자료, 2016) (계속)

대분류 (3)	중분류 (10)	세부 기술(25)	기술 내용
미세 먼지 배출 저감	고정오염원 배출저감	고정오염원 1차 배출저감	사업장(대형, 중소형 및 직화구이, 숯가마 등) 1차 배출 미세먼지/초미세먼지 저감 기술
		고정오염원 2차 생성저감	사업장(대형, 중소형 및 직화구이, 숯가마 등) 배출 전구물질(SO_x, NO_x, VOCs, NH_3 등) 저감
	도로 이동 오염원 배출저감	차량 1차 배출저감	차량 1차 배출 미세먼지/초미세먼지 저감 기술
		차량 2차 생성저감	차량 배출 전구물질(SO_x, NO_x, VOCs, NH_3 등) 저감
	비도로 이동 오염원 배출저감	선박배출 미세먼지 저감	선박배출 미세먼지 및 전구물질 저감 기술
		기타 비도로용 이동오염원 미세먼지 저감	건설·농기계, 항공 등 기타 이동오염원 미세먼지 및 전구물질 저감 기술
	비산먼지 저감	도로 비산먼지 저감	도로(지하철도, 터널 등 특수 도로 포함) 발생 비산먼지 저감
		비도로 비산먼지 저감	건설현장 비산먼지 저감
국민 생활 보호	건강영향 평가	독성 평가	미세먼지와 그 화학성분의 독성평가 기술
		인체노출 평가	미세먼지의 군집별 노출 정도 평가 기술
		인체위해성 역학	코호트 구축, 장기노출 추적조사 등 미세먼지에 의한 위해성 평가 기술
	미세먼지 노출저감 기술	실내 미세먼지 탐지	실내 공기 미세먼지 중 유해성분 탐지 기술
		실내 공기정화	청정공조, 청정환기, 청정주방배기 등 실내 공기정화 기술
		실내 공기질 관리	주택, 대중교통, 다중이용시설 등 생활환경 실내 공기질 관리 기술
		개인착용형 노출저감 기구	마스크, 개인휴대용 탐지 기구 등
	정책 및 정보 서비스	미세먼지 정보관리 및 서비스	미세먼지 농도, 위해성, 오염지도 등 통합정보관리 및 대국민 서비스
		과학기술 연구 결과의 정책 연계	R&D 결과를 정책/제도 개선에 반영하는 체계
		기술의 글로벌화	R&D 성과 수출 산업화 및 국제 대기환경 협력공동체 구축/운영

표 5-3 미세먼지 특별대책 세부이행계획의 주요 내용의 일부(미래산업리서치, 2017)

유형	대책내용	조치내용
대책 내용 구체화	-(석탄화력) 발전소 배출기준 강화목표, 노후, 발전소 10기 처리대상 및 일정을 마련해 발표 -(에너지 상대가격) 국책연구기관 TF를 조속히 발족 -(친환경 자동차 확대) '20년 신규차량 30% 목표 재원 마련, 전기차 충전시설 등 인프라 구축 및 재원계획 조속히 마련 -(노선버스 CNG전환) CNG버스 보조금 지급 추진 계획, 노선버스 CNG전환 일정 구체화	-신규발전소(9기)를 영흥 화력발전소 수준으로 배출기준 강화 -연구진 구성, 연구계획 수립, 연구용역 발주 -20년까지 친환경차 150만 대, 전기차 충전기 3000기 확대 위한 소요예산 협의 -CNG버스 구입비 지원 확대, 하이브리드 버스 구입비 확대
일정 단축	-(노후 경유차 수도권 진입제한) 수도권 지자체와 즉시 협의 착수 -(발생원 규명) 4대 분야(발생 및 유입, 측정 및 예보, 집진 및 저감, 보호 및 대응)에 대한 R&D 즉시 추진	-환경부-수도권 3 개 지자체 고위급 간담회 개최, 세부논의 -환경과학원 전문가 등과 발생원 심층토의 -범부처 협업 사업으로 미세먼지 원천기술 R&D 기획 착수
추가 보완 대책 마련	-(개소세 감면) 노후 경유차 폐차 후 신차구매 시 개소세 감면 -(선박관리) 선박별 배출량 산정 후 배출량이 많은 선박에 대해 연료류 규제 및 저감장치 부탁 등 검토	-노후 경유차 폐차 후 신규 구입 시 개소세 6개월 감면 -환경과학원 선박 배출량 자료개선, 해수부주도로 공동연구 수행

생활환경에서 미세먼지 경보에 따른 대응이나 행동요령

우리나라는 미세먼지(PM_{10}) 예보등급을 좋음(0~30μg/m^3), 보통(31~80μg/m^3), 나쁨(81~150μg/m^3), 매우 나쁨(151μg/m^3~)으로 나누고 있고, 초미세먼지($PM_{2.5}$)는 좋음(0~15), 보통(16~50), 나쁨(51~100), 매우 나쁨(101~)으로 구분하고 있다(http://blog.naver.com). 일반적으로 미세먼지 경보가 발생하게 되면 단계별 행동요령에 따라 대응하게 되는데 단계별 행동요령은 다음과 같다(주, 미래산업리처치, 2017).

※ **단계별 행동요령**: 미세먼지 예보가 나쁨 또는 매우 나쁨으로 알려졌을 경우, 어린이나 노인, 또는 호흡기 질환자 등은 외출을 자제하도록 한다. 그러나 불가피하게 외출하게 되는 경우는 식품의약품안전처에서 인증한 보건용 마스크를 착용하도록 한다. 장시간 외출할 때에는 모바일 앱 등을 통해 목적지의 미세먼지 수준을 수시로 확인하여 대처하도록 한다. 동시에 미세먼지 발생을 줄이기 위해 가급적이면 버스나 지하철 등의 대중교통을 이용하도록 한다. 실제 대기 중 높은 농도의 미세먼지 경보가 발령된 경우는 아래와 같은 행동수칙에 따라 행동하는 것을 권유하고 있다(주, 미래산업리처치, 2017).

① 미세먼지 주의보나 경보가 발령된 해당 지역의 지자체에서는 주민들에게 현재의 대기질 상황을 신속히 알리고 실외 활동 자제, 외출 시 마스크 착용 등 건강보호를 위해 필요한 조치사항을 알려야 한다. 더불어 해당지역의 오염물질 배출 사업장 중에서 공공기관이 운영하는 대형 사업장에 조업시간 단축, 사업장의 연료감축, 야외 공사장의 조업단축 등 오염물질 저감노력에 참여하도록 유도하고 자동차 운행자제와 대중교통 이용을 권장하도록 한다.

② 노인, 호흡기 질환자 등은 가급적 외출을 자제하도록 유도하고 창문을 닫아 외부의 미세먼지 유입을 차단한다. 실내 청소를 할 경우, 청소기 대신 물걸레를 사용하고, 외출할 경우에는 식품의약품 안전처가 인증한 보건용 마스크를 착용하도록 한다. 교통이 많은 지역에는 가급적 이동을 자제하고 물을 많이 마시고, 외출 후 귀가했을 때는 손, 얼굴, 귀 등을 깨끗이 씻도록 한다.

③ 어린이, 학생이 활동하는 어린이집, 유치원, 학교 등 교육기관에서는 체육활동, 현장학습 등 실외 활동을 자제하거나 중지하여야 하며, 실내 활동으로 대체하거나 마스크 착용 등 대응조치를 상황에 맞게 하여야 한다.

④ 축산, 농가에서는 방목장의 가축을 축사 안으로 이동시키고 미세먼지에 노출되는 시간을 최소화한다. 비닐하우스나 온실, 축사의 출입문과 창문 등을 닫고 실외에 쌓여 있는 건초, 볏집 등은 비닐이나 천막 등으로 덮어야 한다.

⑤ 산업 부분의 반도체, 자동차 등 기계설비 작업장인 경우는 실내 공기정화 필터를 점검, 교체하고 집진시설을 설치하거나 에너커튼을 설치한다. 또한 실외 작업자는 마스크, 모자와 보호안경 등을 착용하여 작업할 수 있도록 한다.

⑥ 음식점이나 단체 급식소 등 식품취급 업소에서는 식품제조, 가공, 조리할 때는 손씻기와 기구류 세척 등 철저한 위생관리를 통해 미세먼지로 인한 2차 오염을 방지하도록 해야 한다.

⑦ 항공기 및 선박 운행 시에는 가시거리 등을 확인하고, 안전장치 등을 점검하며, 비상시를 대비하여 운항 관계자와의 연락망을 확보하는 등 미세먼지로 인한 피해를 줄이기 위해 수칙을 준수해야 한다.

그러나 실생활과 관련해서는 보다 간단하게 다음과 같이 간단한 대처방안을 제안하고 있다.

① 외출을 가급적 삼가고 외출할 때는 황사용 마스크를 착용한다.

② 외출 후 귀가했을 때는 손발을 깨끗이 씻고, 입과 코는 자주 물로 헹

구어준다.

③ 물 또는 녹차 등을 자주 마시고 수분 공급을 늘려준다.

④ 교통량이 많은 곳은 이동을 자제한다.

또한 미세먼지가 다량으로 발생했을 경우에는 환기가 중요하다고 지적하고 있다. 외부 대기가 황사나 미세먼지로 오염되었을 경우에 장시간 환기하지 않으면 실내 공기에 이산화탄소가 축적되고 산소부족 현상으로 공기가 탁해질 수 있으므로 최소한의 환기는 필요하다. 미세먼지를 제거해주는 필터가 붙어 있는 기계식 환기의 경우에는 수시로 환기해도 문제가 없을 것이다. 그러나 자연통풍식 환기는 장시간 환기시키면 오히려 실내 공기가 미세먼지나 황사에 오염될 수 있으므로 창문을 활짝 열고 최단시간(약 1분 내외) 동안 환기시켜 주는 게 좋다고 권고하고 있다(주, 미래산업리처치, 2017).

하지만 황사나 미세먼지 경보 발령이 있다 하더라도 육류를 굽거나 기타 조리 시에는 실내 미세먼지 농도가 실외 농도보다 높을 수 있기 때문에 기계식 환기를 지속적으로 해주는 것이 바람직하다. 조리를 할 때는 가능하면 레인지 후드와 같은 환기장치를 사용해야 하며, 조리가 끝난 후에도 최소한 30분 동안 가동해야 효과적으로 실내 공기 중 미세먼지를 제거할 수 있다(주, 미래산업리처치, 2017).

위와 같은 간단한 대처 방안이 있지만 사회생활을 하는 만큼 외출은 불가피한 것이므로 개인적으로 미세먼지에 주의를 기울이는 것과 더불어 국가적으로 장기적인 저감정책이 필요한 실정이다. 국가적인 차원 혹은 지방정부에서도 실정에 맞게 미세먼지 오염 현상에 대한 대책도 강구할 필요가 있다. 특히 미세먼지는 노약자나 어린이에게 중요하게 취급되어야 하는 만큼, 생활환경 주변이나 학교 등에서 미세먼지 위험에 대비하기 위한 다양한 입법조치, 대비 프로그램 등이 실시되고 있으며, 다음 절에서 구체적으로 살펴보기로 한다.

3. 주요국의 미세먼지 저감정책

3.1 미 국

미국은 미세먼지 문제를 대기오염으로 인식하고 있는 듯하다. 따라서 미국은 대기오염 문제를 청정대기법(CAA; Clean Air Act)을 통하여 미세먼지 오염문제를 규제하고 있다. 그러나 이 CAA는 1963년에 제정된 법으로 최근에 지속적으로 개정 논의가 진행되고 있다. 과거에도 이 청정대기법은 1955년에 대기환경통제법(Air Pollution Control Act)에서 출발한 이래 1966년, 1970년, 1977년, 1987년, 1990년 등 여러 번 개정을 거듭해오면서 화학물질 안전법, 에너지 정책법, 에너지 독립 및 안보법 등이 추가되면서 규율범위가 확대되어 왔다고 할 수 있다(현준원, 2015).

미국에서 미세먼지 오염방지를 위한 규제는 "미세먼지 국가 대기질 기준(PM NAAQS; PM National Ambient Air Quality Standards)"이 중심이 된다. 1977년에 제정된 이 규제법은 초미세먼지 $PM_{2.5}$의 연간 평균 기준을 15$\mu g/m^3$로 규정했는데 이는 3년 평균 수치를 고려한 값이다. 동시에 24시간 평균값을 65$\mu g/m^3$로 규정했다. 그러나 이 규정은 2009년 연방고등법원은 2006년 미세먼지 국가 대기질 기준의 핵심적인 사항들을 파기환송하면서 초미세먼지 $PM_{2.5}$의 24시간 평균값을 하향조절하게 되었고, 미세먼지 PM_{10}에 대한 연간 평균 기준을 폐기하였고, 2013년 미국환경보호청(USEPA)은 초미세먼지 연간 평균 기준을 완화하게 되었다(현준원, 2015).

미국은 미국환경보호청(USEPA)이 미세먼지 국가 대기질 기준을 설정하면 각 주는 청정대기법(CAA) 제109조에 따라 기준을 준수하고 시행계획을 수립해야 한다. 각 주의 시행계획(SIPP)는 국가 대기질 기준을 준수하기 위해서 1) 오염물질 배출저감 방법과 전략, 2) 측정망 운영, 3) 대기질 분석, 4) 대기질 모델링, 5) 기준 달성에 대한 증명, 6) 배출저감 이행방법, 7) 규제방법 등이 포함된 주정부 시행계획을 수립해야 한다.

3.2 독 일

독일은 1974년에 제정된 "연방 임미시온방지법"에 의해 미세먼지를 비롯한 각종 환경문제를 다루고 있다. "임미시온(Immission)"이란 한 지점에서 다른 지점으로 영향을 미치는 것을 의미하는 것이기 때문에 대기나 소음, 진동 등이 이 법률에 의해 규제된다. 이처럼 연방 임미시온법은 여러 가지 환경 매체를 함께 규율하기 때문에 다른 환경 매체와 관련된 법률들이 이 법 규정을 준용하는 경우가 많으며, 이 연방 임미시온방지법에 환경오염물질 배출시설 허가 등과 관련된 자세한 규정을 두고 있다(현준원, 2015).

미세먼지 규제와 관련해서는 연방 임미시온방지법 제48조에 근거하여 대기질 기준과 최대오염물질배출량에 대한 시행령을 규정하고 있으며, 이 시행령에 구체적인 미세먼지 환경기준이 규정되어 있다(현준원, 2015). 독일은 유럽연합에 속하기 때문에 미세먼지 환경기준을 포함하여 독일의 각종 환경 관련 규율들은 기본적으로 유럽연합 차원의 논의가 반영되었다고 할 수 있다. 미세먼지와 관련한 유럽연합 차원의 논의 결과는 이른바 "유럽

청정대기프로그램"을 구현하는 목표를 가지는데 2001년에 권고 KOM 245를 통하여 기초가 마련된 이 유럽청정대기 프로그램은 대기오염이 사람의 건강과 환경에 미치는 영향을 최소화할 수 있는 대기오염방지 정책 프로그램을 골자로 하고 있다.

유럽연합에서 다루는 권고 KOM(2001) 245의 내용은, 1) 대기오염 문제와 관련되어 적용 중인 유럽연합 가입국의 국내 법규범과 프로그램의 실효성에 대한 근본적 검토, 2) 적용 중인 대기질 기준의 세분화 작업 및 공공의 정보접근을 위한 척도개발, 3) 대기질 개선을 위하여 필요한 모든 대응조치에 자세한 분석, 4) 대기질 환경기준과 오염물질 배출기준에 대한 새로운 또는 개선된 지침개발, 5) 오염물질 배출제한 조치를 포함하여 인접한 지역에서 정책발전에 관한 조사 등을 정책목표로 제시하면서 대기오염물질인 미세먼지, 오존, 질소산화물, 그 외 대기오염으로 야기되는 각종 유해물질 축적으로 초래되는 문제와 오염발생 최소화를 위한 정책개발에 주안점을 두고 있다(현준원, 2015).

독일에서 현재 시행되는 미세먼지(PM_{10})와 초미세먼지($PM_{2.5}$)에 대한 구체적인 환경기준은 다음과 같다. 초미세먼지 $PM_{2.5}$에 대해서는 24시간 평균 환경기준을 규정하고 있지 않다.

표 5-4 독일의 미세먼지 환경기준(현준원, 2015)

구분(PM_{10})	방출허용기준	목표달성 시점	미순수 허용기준
일일	50$\mu g/m^3$, 이 기준을 연간 35회 이상 초과해서는 안 된다.	2005. 1. 1.	적용시점이 연장된 지역에서 2011년 6월 11일까지 25$\mu g/m^3$
연간	40$\mu g/m^3$	2005. 1. 1.	
구분 ($PM_{2.5}$)	방출허용기준	목표달성 시점	미순수 허용기준
연간	25$\mu g/m^3$	2015. 1. 1.	5$\mu g/m^3$, 2009년부터 매년 1/7 저감율 적용

3.3 일 본

일본에서도 1990년에 들어오면서 대도시지역에서 미세먼지와 초미세먼지에 대한 건강피해가 사회적 이슈로 등장하기 시작했다. 일본 환경성(환경부)은 이러한 점을 감안하여 1999년부터 미세입자물질 노출에 대한 영향조사를 실시하여, 각종 전문위원회의 분야별 연구를 진행시키면서 2009년 초미세먼지 환경기준을 설정하였다.

일본에서 미세먼지 저감대책은 "대기오염방지법"에 따라 시설관리(고정오염원 관리)와 자동차 배출가스 관리(이동오염원 관리)로 구분할 수 있다. 1993년에 제정된 "환경오염법" 제16조에 따라 환경기준에 따라 근거규정을 마련하고 있으며 정책을 실시하고 있다. 내용적으로 국민의 건강보호 및 생활환경 보전을 위해 다음과 같은 노력을 하고 있다. 1) 공장이나 사업장에서 배출되는 각종 대기오염을 방지하기 위하여 "대기오염방지법"을 제정하여 배출규제 및 대기오염 상황을 모니터링하고 공해방지를 위한 조직을 정비하고 있다. 2) 또한 대기오염방지법에 따라 석면에 의한 대기오염을 미연에 방지하기 위하여 건축물 해체, 개조 및 보수 등에 따르는 석면비상 방지책을 시행하고 있다. 3) 자동차 교통으로 인한 공해에 대한 시책을 마련하고 있는데, 자동차 배출가스에 들어 있는 미세먼지나 질소산화물에 대한 각종 대기오염방지를 위해 노력하고 있다. 특히 대도시에서는 "특정지역에서 자동차에서 배출되는 질소산화물 및 입자상 물질의 총량삭감 등에 관한 특별조치법-소위 NOx, PM법"을 제정하여 질소산화물 및 입자상 물질의 특별배출가스규제나 교통수요의 조절, 저감, 교통흐름 대책 등 정책을 추진하고 있다.

일본에서 대기오염에 관한 환경기준은 다음 표와 같다.

표 5-5 일본의 대기오염에 대한 환경기준(현준원, 2015)

항목	기준	측정방법
아황산가스 (SO_2)	24시간 평균 0.04ppm 이하 1시간 평균 0.1ppm 이하	자외선 형광법 (Pluse U.V Fluorescence Method)
일산화탄소 (CO)	24시간 평균 10ppm 이하 8시간 평균 20ppm 이하	비분산적외선 분석법 (Non-Dispersive Infrared Method)
이산화질소 (NO_2)	24시간 평균 0.04~0.06ppm 영역 내 및 그 이하	화학발광법 (Chemiluminescent Method)
부유분진(SPM)	24시간 평균 0.1mg/cm^3 이하 1시간 평균 0.2mg/m^3 이하	배타선 흡수법, 중량농도법 또는 이에 준하는 자동측정법
다이옥신류(OX)	1시간 평균 0.06ppm 이하	화학발광법

* 비고 1 : 부유분진은 대기 중에 부유하는 입자상 물질에서 입경이 10μm 이하의 것을 말함.
* 비고 2 : 다이옥신류는 오존 등 기타 광화학 방응에 의해 생성되는 산화물질.

그밖에도 일본은 입자상 물질인 $PM_{2.5}$ 및 PM_{10}에 대한 환경기준 및 측정방법을 구체적으로 설정하고 있으며, 또한 대기오염방지법상 오염물질 배출허용기준에 따라 각종 매연시설에 따른 규모를 상세히 규정하고 있다. 예를 들어, 보일러인 경우 전열면적 10m^2 이상, 연소능력 시간당 50리터 이상으로 규모를 지정하고 있다. 또한 휘발성 유기화합물(VOCs)에 대해서도 배출시설의 종유에 따른 규모와 배출허용기준을 상세히 규정하고 있다.

3.4 중 국

중국은 환경보호에 관한 기본법인 "환경보호법"에 따라 환경 관련 법률, 행정법규 등 환경 관련 법체계를 구성하고 있다. 2012년 이후 중국은 100여 개의 중국 내 도시에서 빈번하게 발생되는 악성스모그 현상으로 국토면적의 1/4과 약 6억 명에게 피해를 주는 것으로 보고되고 있다. 따라서 현존하는 중국의 "대기오염방지법"이 원칙적인 규정이 많아 심각한 스모그 현상을 규율하기에는 실효성이 부족하다는 이유로 "대기오염방지법"에 대한 개정이 시급하다는 주장이 많다. 한편, 중국은 2015년부터 시행된 "환경보호법"에 환경범죄를 엄격하게 다스리는 규정이 포함되어 있어 "대기오염방지법"의 부족한 부분을 어느 정도 보완해주는 역할을 하고 있는 것으로 평가받고 있다. 이 환경보호법에 미세먼지와 관련된 법 규정이 다수 포함되어 있다.

중국 중앙정부는 "대기오염방지법"의 실효성이 부족하다는 인식하에 최근에는 대기오염 억제에 관한 10여 건 이상의 정책을 발표한 바 있다. 전체적인 경향은 중국에서 미세먼지 및 스모그의 발생이 석탄 중심 연료사용과 자동차 이용 급증에 따른 대기오염물질의 배출증가가 그 원인으로 간주되고 있기 때문에, 석탄 소비를 줄이는 것과 자동차 배출가스를 저감하는 것에 초점을 맞추고 있다.

중국 정부는 대기오염 예방 및 관리 행동계획을 2013년 9월에 발표하면서 대기오염을 예방하고 관리하는 문제를 중점적으로 다루는 종합적인 계획을 수립하고 있다. 이 계획은 2017년까지 도시의 미세먼지(PM_{10}) 농도를 2012년 대비 10% 이상 저감하고 중점 오염지역의 초미세먼지($PM_{2.5}$) 농도를 25~15% 정도 저감하고, 특히 베이징시의 초미세먼지 농도를 $60\mu g/m^2$ 이하로 관리하는 것을 목표로 하고 있다.

중국에서 대기오염과 환경오염 문제와 관련된 주요 법령은 다음과 같다.

1) 대기오염방지법

이 법은 대기오염 문제 해결을 위해 중국에서 처음으로 제정된 법률로 대기환경보호에 관해서는 가장 중요한 법률이라 할 수 있다. 이 법은 대기오염방지의 감독 및 관리, 석탄으로 발생하는 대기오염방지 및 처리, 자동차, 선박 등의 배출가스로 인한 대기오염방지 및 처리, 악취오염원의 방지와 처리, 위반행위의 법률적 책임 등에 관한 냉용을 포함하고 있다. 특히 이 법의 3장과 4장에서는 사업장 등 고정오염원과 자동차 등 이동오염원 관리에 대한 내용을 규정하고 있다.

2) 환경공기질량표준

2013년 2월 환경보호부는 “대기오염물 특별배출제한에 관한 공고”를 공표하고 환경공기질량표준을 발표하였다. 2016년 1월부터 시행된 동 표준에는 초미세먼지($PM_{2.5}$)를 공기질량의 모니터링 지표에 포함시켰다. 현재 중국에서 환경공기오염물 기본항목 농도 한계기준은 다음 표와 같다.

표 5-6 중국의 환경공기오염물 기본항목 농도 한계기준(현준원, 2015)

번호	오염물질 항목	평균시간	농도기준		단위
			1급	2급	
1	아황산가스(SO_2)	연평균	20	60	$\mu g/m^3$
		24시간 평균	50	150	
		1시간 평균	150	500	
2	이산화질소(NO_2)	연평균	40	40	
		24시간 평균	80	80	
		1시간 평균	200	200	
3	일산화탄소(CO)	24시간 평균	4	4	mg/m^3
		1시간 평균	10	10	
4	오존(O_3)	일일 최대 8시간 평균	100	160	$\mu g/m^3$
		1시간 평균	160	200	
5	PM_{10}	연평균	40	70	
		24시간 평균	50	150	
6	$PM_{2.5}$	연평균	15	35	
		24시간 평균	35	75	

표 5-6 중국의 환경공기오염물 기본항목 농도 한계기준(현준원, 2015) (계속)

번호	오염물질 항목	평균시간	농도기준		단위
			1급	2급	
7	총부유입자(TSP)	연평균	80	200	$\mu g/m^3$
		24시간 평균	120	300	
8	질소산화물(NOx)	연평균	50	50	
		24시간 평균	100	100	
		1시간 평균	250	250	
9	납(Pb)	연평균	0.5	0.5	
		계절 평균	1	1	
10	벤조피렌(BaP)	연평균	0.001	0.001	
		24시간 평균	0.0025	0.0025	

4. 인접국가와의 협력 강화

미세먼지가 이동된다는 관점에서 인접국가와의 협력 강화는 미세먼지 감축을 위한 필수 조건이기도 하다. 3장에서 설명한 바와 같이 인공위성을 통한 관측에서는 특히, 중국과의 협력은 더 중요하게 다루어져야 할 것 같다. 수일 만에 중국에서 발원한 미세먼지가 한반도까지 영향을 준다면 한반도에서 미세먼지 감축을 위해 노력하는 것만큼 혹은 그보다 더욱 중요한 것은 중국에서 발생하는 미세먼지일 수도 있다.

최근에 환경오염, 대기오염의 중심적 문제가 되고 있는 미세먼지에 관한 한·중·일 간의 연구협력 사례는 다수 있다. 한·중·일은 지정학적으로 아시아 지역에서 중심적으로 많은 미세먼지를 배출하고 있을 뿐만 아니라 인접하는 지역으로 주변국의 미세먼지 오염을 직접적인 영향을 받기 때문이다. 한·일 협력 또는 한·중 협력, 한·중·일 협력이 각각 진행 중에 있으며 최근에는 그동안의 연구결과를 공표하기로 하였다.

4.1 한·중 협력

2015년 10월 "한·중 대기질 및 황사 측정자료 공유에 관한 합의서"를 체결하여 양국 간에 대기질 측정자료의 실시간 공유기반을 마련하였다.

4.2 한·일 협력

미세먼지 측정자료 공유, 배출특성 관련 공동 연구 등 한·일 협력을 추진하고 있다. 2014년 한·중·일 삼국 환경장관회의에서 한·일 양자회담을 개최하고 미세먼지($PM_{2.5}$) 협력사업을 추진하기로 했다. 한·일 양국은 2017년까지 한·일 공동연구계획을 마련하기로 했고 현재 세부 연구를 진행하고 있다.

4.3 한·중·일 협력

1999년부터 한·중·일 3국이 교대로 3국 환경장관회의를 개최해오고 있다. 2015년에 개최된 제17차 3국 장관회의에서는 "9대 우선협력분야 공동실행계획(2015~2019)"을 채택했고 그 일환으로 대기오염 예방과 관리를 위한 한·중·일 3국의 공동노력을 더욱 강화하기로 했다. 현재는 1995년부터 동북아 지역의 장거리 이동 대기오염물질에 관한 공동연구(LTP; Long-range Transboundary Air Pollution in Northeast Asia)가 진행되고 있다(환경부, 2016).

부 록

01 황사의 정의와 중요성

이미 언급한 바와 같이 황사는 미세먼지와 같은 개념은 아니지만 크기가 다양한 황사입자에는 미세먼지 크기 영역에 속하는 입자가 많이 포함되어 있기 때문에 부록으로 황사를 따로 구분하여 살펴보기로 했다. 미세먼지가 최근에 관심을 받기 시작한 것과는 달리 황사는 미세먼지가 등장하기 전부터 대기오염이나 환경에 위해한 요소로 간주되어 주목을 받아온 것도 사실이다. 우리나라의 경우 고문서에서도 황사에 관한 기록이 전해지고 있으며, 산업화가 진행되고 기후변화가 진행되면서 환경인자로서의 황사의 중요성이 강조되어 왔기 때문에 최소한 미세먼지에 관한 데이터보다는 황사와 관련된 수많은 연구사례, 또는 많은 데이터가 존재한다. 황사에 관해서 각종 문헌에 등장하는 연구결과나 정보를 체계적으로 정리하고 기술하는 것은 이 책의 본래 의도했던 방향과는 다소 다르기 때문에 부록으로 간단하게 다루고자 한다. 부록인 황사 편에서는 미세먼지와의 차이점과 기후변화와 같은 거시적 환경변화나 대기오염을 이해하기 쉬운 수준에서 간략하게 정리하고 소개하기로 한다.

1) 황사의 정의

일반적으로 우리들이 자주 언급하는 황사(黃砂; eolian(aeolian) dust, aerosol)는 바람에 의해 이동되는 모래먼지로 공기 중에 부유하여 먼 곳까지 이동되는 고체형 입자이다(우리나라에서는 과거에 토우(土雨) 또는 우토(雨土)라고 일컬어졌던 것으로 기록되어 있으며, 일본에서는 코사(高沙; kosa), 중국에서는 보래폭풍(sand stome) 등 다양하게 불리고 있다). 또한 유럽에서는 에어로졸(aerosol)로 명명하여 다루어지고 있기도 하다. 한편 황사의 발원지가 되는 퇴적물은 뢰스(loess)라 불리는데, 뢰스는 먼지와 같은 토양으로 정의되며 황사와 같이 구성성분으로는 석영, 장석, 운모 및 기타 광물로 이루어진다(Li et al., 2016). 엄밀하게 구분한다면 이 책의 부록에서 다루고자 하는 용어 '황사'는 에어로졸이나 모래폭풍과는 의미가 다르지만 편의상 이들을 통틀어서 '황사'로 정의하여 다루기로 한다.

기존 연구결과 황사의 입자 크기는 약 2~300μm의 범위이나 이 크기에서 벗어나는 0.3μm 크기를 가지는 황사입자도 보고되고 있다. 이와 같이 황사는 다양한 크기가 있는데, 수천 km 멀리까지 이동될 수 있는 황사의 입자 크기는 기원에 따라 다르지만 개략적으로 크기(직경)는 20μm 이하로 생각되고 있으며(Arimoto et al., 1997), 중간값은 약 1.5~3μm 정도이다(Reid et al., 2003). 그러나 최근의 연구결과에 의하면 황사입자의 크기 범위는 0.2~100μm로 보고되고 있어(Xie와 Chi, 2016), 황사입자 중에 상당수의 입자가 미세먼지의 크기(PM_{10})에 해당하는 직경 10μm 이하의 물질로 구성되었음을 알 수 있다. 이와 같이 황사는 다양한 입자 크기를 가지며, 기원지에 따라 다양한 형태 및 구성성분도 다르기 때문에 황사를 정의하기 위해서는 구성성분과 형태에 대해서도 살펴볼 필요가 있다.

표 A-1에는 세계 각지에서 얻어진 황사의 크기에 관한 자료이다. 일반적으로 점토광물은 직경 2μm 이하의 물질을 의미하는데, 황사는 중간값으로만 생각했을 때 이보다는 큰 입자로 구성되어 있음을 알 수 있지만, 점토광물 크기에 해당하는 입자가 차지하는 비율도 지중해에서 관찰된 황사 중에는 15~40%에 달하고 있다. 즉, 미세먼지 수준의 작은 입자로 구성된 황사도 전체 황사 중에 약 1/3 정도가 된다고 할 수 있다.

표 A-1 세계 각지에서 채집된 황사의 크기 비교(Shen et al., 2016)

지역	μm	점토 (<2μm, %)	참고문헌
나이지리아	8.9-74.3	2.3-32.0	McTainsh and Walker(1981)
사하라 중부	72	9.4	Coudé-Gaussen(1981)
북서 아프리카	8-42	–	Stuut et al.(2005)
카나리섬	16.9-20.67	7.2-9.6	Criado and Dorta(2003)
가나	6.8-16.4	–	Breuning Madsen and Awadzi (2005)
마그레브	5-40	–	Coudé-Gaussen(1991)
프랑스	8.0-11.0	–	
마요르카섬, 지중해	9.3-58.9	–	Fiol et al.(2005)
크레타섬, 지중해	4.0-16.0	15.0-45.0	Pye(1992)
서독일	2.2-16.0	–	Littmann(1991a, b)
텍사스	23.0-35.0	–	Chen and Fryrear(2002)
일본	6.0-21.0	–	Osada et al.(2004)
중국	3.97-93.54	–	Liu et al.(2004)

유럽에서도 황사에 대한 연구사례가 많다. 다른 연구사례와는 달리 유럽에서는 황사를 크기에 따라 2가지 종류로 나누고 있음을 알 수 있다. 즉, 조립질의 큰 크기를 가지는 황사(large dust)와 세립질 실트 크기의 황사

(small dust)로 구분하고 있다. 여기서 세립질 작은 황사는 그 크기가 2~8μm 이므로 미세먼지 크기(PM_{10})에 해당한다고 생각하면 무리가 없을 것 같다(그림 A-1). 작은 황사(4~8μm)나 아주 작은 황사(2~4μm)는 부유 등의 작용으로 먼 거리까지 이동하는 특성을 보이며, 다양한 물질이 여기에 포함된다.

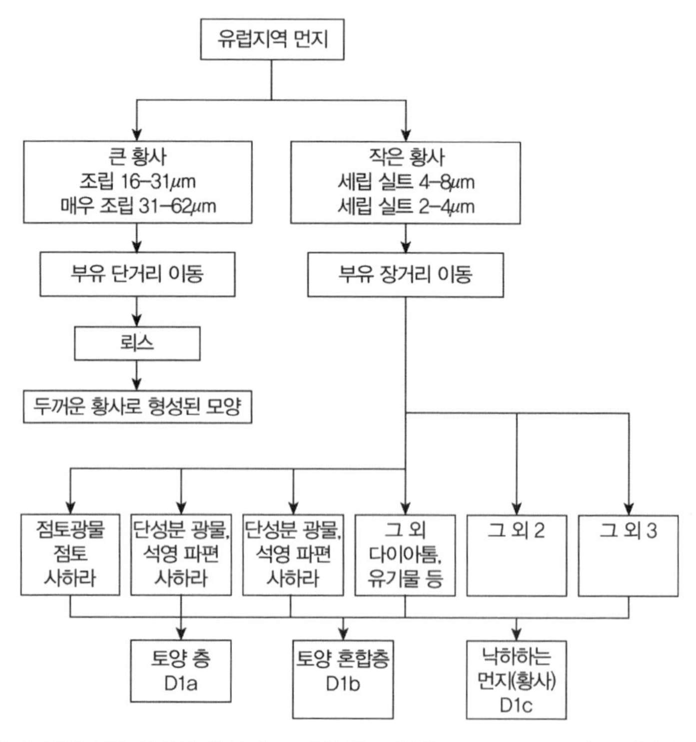

그림 A-1 유럽에서 채집된 황사의 크기별 주요성분(D1a, D1b, D1c는 지역명. 자세히는 Stuut et al., 2009 참조)

후술하겠지만, 황사입자에 미세먼지 크기의 입자가 많이 포함되어 있다는 사실은 미세먼지와 황사를 이해하기 위해 꼭 염두에 두어야 할 사항이다. 황사도 미세먼지와 같이 인간의 건강뿐만 아니라 여러 가지로 환경에 큰 영향을 주고 있다. 특히 미세먼지 크기의 황사입자는 먼 거리까지 이동하면서 인간 활동에 의해 생성된 전구 가스성분인 SOx, NOx나 해염(sea salt)과 합쳐져서 더욱 심각하게 위해할 수 있다(Matsuke et al., 2010). 더욱이 이들은 철 성분, 질산 및 인 성분을 함유하고 있으며, 해양의 생지화학 반응에 영향을 주기 때문에 기후나, 구름 생산에 피드백 효과를 가져올 수 있다(Jickells et al., 2005).

2) 황사의 구성성분 및 특성

황사는 기본적으로 지각물질에서 기원된 무기질 고체입자다. 황사에 대한 기존 연구결과 황사입자에 대한 화학조성은 황사기원지에 따라 다소의 차이는 있기는 하지만 황사에 대한 개략적 정보를 제공해준다. 그림 A-1에 나타나 있는 것처럼 황사입자에 대한 XRD분석결과 다양한 광물들이 포함되어 있음을 알 수 있다. 석영입자나 자철석, 장석류 등의 기본적으로 황사입자의 구성물질이다. 그중 지각물질인 석영(quartz)이 20~68% 정도를 차지하고 있는데 지역에 따라 석영 함유량에도 많은 차이를 보이고 있다(표 A-2). 그 외 석회질 물질인 방해석(calcite), 돌로마이트(dolomite), 장석류 및 점토광물이 황사에 포함된다. 점토광물(clay mineral)은 흔히 XRD분석에 따르면 카오릴라이트(Kaolinite)나 몬모닐라이트(montmorillonite)와 같이 다양한 화학식으로 이루어진 광물들이다. 특히 중국기원의 황사에는 점토광물이나 이 크기에 해당하는 점토(clay) 성분이 다량 함유되어 있음을 알 수 있다. 이들 성분에는 유기물과 결합된 미세먼지 크기의 무기물질도 다량 포함되어 있다. 그림 A-2에서 볼 수 있듯이, 황사에는 화학성분조사에서 드러난 것과 같이 석영입자가 많이 포함되어 있고, 자철석 성분이나 철 성분이 많이 포함되어 있다. 나중에 언급이 되겠지만 황사 중의 철 성분은 기후변화와 대기 순환의 결과 해양으로 전달되고 해양에서는 영양염으로 작용하기 때문에 해양에 유입되는 철 성분과 생물생산은 비례적 관계를 보이므로 생물생산의 지표로 사용되기도 한다(Han et al., 2011; Tan and Wang, 2014).

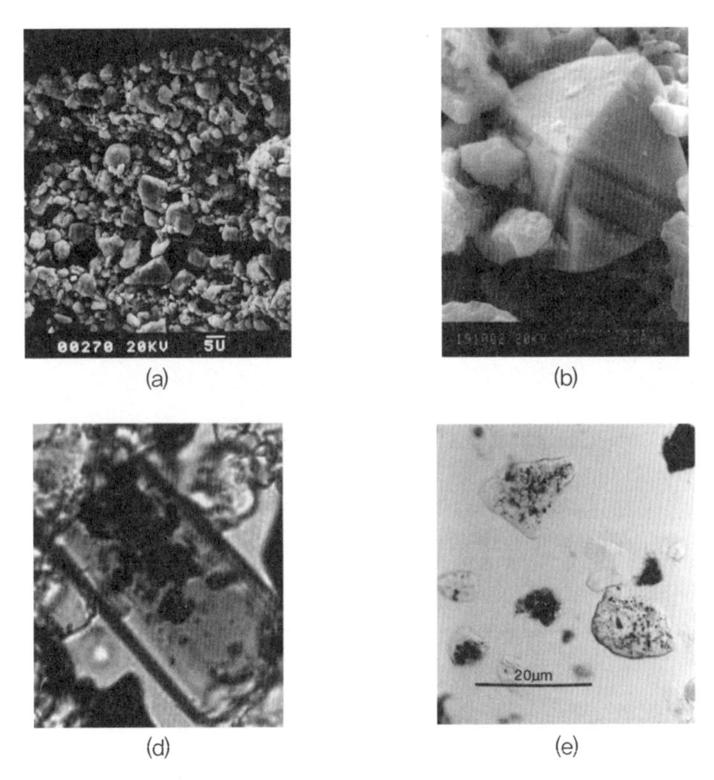

그림 A-2 여러 가지 황사입자. a. 주사현미경으로 관찰한 황사입자 중의 마그네타이트, b. 중국 뢰스퇴적물의 마그네타이트, c. 전기석입자와 마그네타이트, d. 석영입자와 마그네타이트(Maher et al., 2011)

표 A-2 세계의 주요 황사지역에 포함된 광물함량(중량 %) (Shen et al., 2016)

지역	정치 지역	석영	칼사이트	돌로마이트	장석	점토	그 외	참고문헌
트리폴리	리비아	64	27	0	5	4	0	O'Hara et al.(2006)
수스마사	모로코	45	46	0	8	1	0	Khiri et al.(2004)
바우크	가나	87	0	0	9	2	2	He et al.(2007)
카이로	이집트	51	20	14	15	0	0	Al-Dousari(2009)
네게브 사막	팔레스타인	41	21	2	18	17	0	Crouvi et al.(2008)
리야드	사우디 아라비아	68	32	0	0	0	0	Modaihsh(1997)
바그다드	이라크	57	16	0	17	3	7	Al-Dousari and Al-Awadhi(2012)
움카사	이라크	13	77	3	7	0	0	Gharib et al.(1987)
도하	카타르	48	21	7	24	0	0	Al-Dousari and Al-Awadhi(2012)
암만	요르단	21	52	16	4	0	7	
세비야	쿠웨이트	39	26	11	12	6	5	
두바이	아랍 에미리트	21	25	21	6	0	27	
안동	한국	28	8	0	19	45	0	Jeong(2008)
베이징	중국	20	8	0	10	40	23	Shao et al.(2007)
사포터우	중국	38	28	0	21	7	5	Nishikawa et al.(2000)
베일드 힐	동오스트레일리아	58	0	0	21	14	7	Cattle et al.(2002)

3) 황사연구의 중요성

황사는 기후에 큰 영향을 줄 뿐만 아니라 황사의 이동과 생산 그 자체가 기후와 밀접하게 관계되기 때문에 기후나 환경적 측면에서 매우 중요하다. 기후변화나 먼지폭풍, 모래폭풍은 많은 양의 황사(대륙기원 무기물질)를 해양으로 이동시킨다. 그렇기 때문에 황사는 지역적으로나 범지구적으로 중요한 의미를 가진다. 직접적으로 황사는 발생지역에서 재앙을 가져올 뿐만 아니라 토양의 침식이나 인간과 동물에게 불의의 재해를 줄 수 있으며 멀리 이동하여 연안지역에 큰 영향을 끼친다. 예를 들어, 중앙아시아 지역에서 발원한 황사는 중국 내륙의 연안지역, 우리나라, 일본 그리고 태평양을 건너서 북아메리카까지도 영향을 준다.

황사는 기후환경에 큰 영향을 줄 뿐만 아니라 미세먼지와 같이 호흡으로 인체에 흡수되기 쉬운 입자 농도를 증가시킴으로써 인간의 건강에도 직접적으로 영향을 미친다. 세립질 황사입자는 또한 황산 및 질산과 같은 산성인 가스성분과 쉽게 합쳐지며 인위기원의 에어로졸이나 해염 등과 같이 먼 거리를 이동하여 대규모의 구름핵을 만드는 작용도 한다(Matsuki et al., 2010). 게다가 대륙기원 황사는 철, 질산, 인산과 같은 영양염을 함유하고 있기 때문에, 이들이 해양에 유입되었을 경우 생지화학적 순환에 영향을 주고 생물생산을 증가시키는 역할을 함으로써 결국 기후변화에 영양을 주는 것으로 평가되고 있다.

본문인 미세먼지 편에서도 언급했지만, 우리가 일반적으로 이야기하는 미세먼지 속에는 황사입자가 많이 포함되어 있다. 따라서 미세먼지 총량으로 표현되는 미세먼지 농도 중에는 황사가 많이 포함되어 있기 때문에, 미세먼지 연구의 중요성과 마찬가지로 황사연구의 중요성도 있다고 할 수 있다. 그러나 미세먼지가 지역과 기원에 따라 그 농도와 특성이 달라진다고 한다면, 황사는 주로 계절적 영향을 많이 받는 것으로 알려졌다. 시간적 스케일을 더 확장하면 황사는 빙기－간빙기와 같은 장주기에 걸친 지구 대륙이 건조화 정도, 즉 기후변화와 관련되어 그 공급량에 큰 변화를 보이는 것으로 나타났다(Maher et al., 2010: 2011).

02 황사의 기원, 운반과 퇴적

1) 황사의 기원

일반적으로 사질 황사는 주로 사막지역에서 발생하는데, 이들이 발생되는 지역은 먼지벨트(dust belt)라고 알려진 북서 아프리카에서부터 중국까지 넓혀져 있다. 중앙아시아 지역에 위치하는 사막인 키질쿰(Kyzylkum)이나 카라쿰(Karakum)은 이 벨트에 속해 있다. 중앙아시아뿐만 아니라 황사는 아메리카 대륙에도 상당 분포하고 있으며 그 기원을 이루고 있다(그림 A-3).

한반도에 영향을 미치는 황사는 주로 아시아 대륙에서 기원한 것으로 알려지고 있다(그림 A-4). 특히 중국 내 대륙의 황토고원(Loess plateau), 타클라마칸(Taklimakan)에서 대륙이 건조해지는 3~5월에 발원하여 편서풍을 타고 한반도, 일본열도, 태평양 혹은 태평양을 넘어 아메리카 대륙까지도 전달된다. 특히 한반도와 일본열도는 중국 내륙의 여러 곳에서 발원한 황사가 매년 유입되고 있기 때문에 이에 대한 연구가 활발하게 수행된 바 있다(Mikami et al., 2006). 중·일 간에 수행된 이 연구는 현장조사와 수치모델을 병행한 연구였는데, 중국의 북서쪽으로부터 일본열도로 유입되는 황사에 대한 침식과정과 장기간 이동될 동안의 시공간적 분포와 황사의 물리화학적 특성을 알아보기 위한 연구였다.

그림 A-3 범지구적 황토지대의 분포.
아시아 대륙, 아메리카 대륙 및 유럽 대륙에도 다량의 황사퇴적층이 존재한다(Maher, 2011).

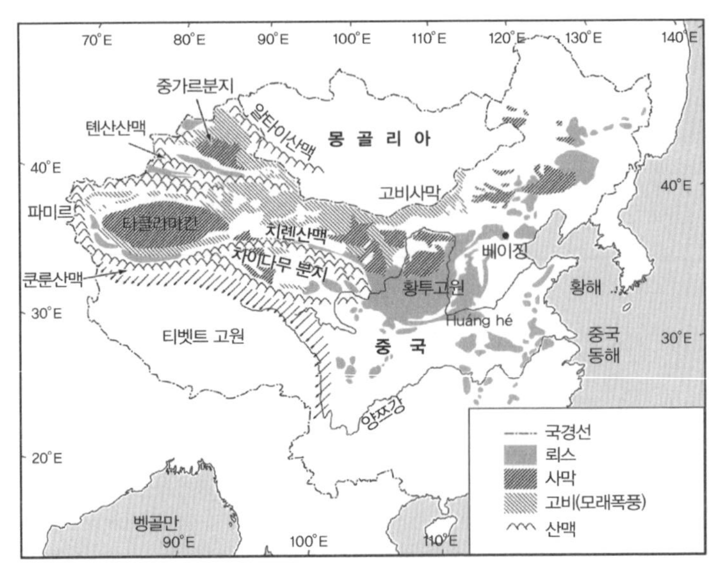

그림 A-4 아시아 대륙에서의 황사분포지역(Maher et al., 2011)

유럽지역에도 황사에 대한 수많은 연구가 있다. 그중 다수의 연구결과에 의하면 유럽지역에 퇴적되는 황사(aeolian dust)는 아프리카에서 발원한 것으로 보고되고 있다(Stuut et al., 2009). 일반적으로 유럽지역에 분포하는 황사는 북아프리카에서 발원한 것으로 알려지고 있지만, 몇 곳의 중요한 기원지로 나눌 수 있다. 사하라 사막 주변 사헬(Sahelian)황사는 주로 오래된 차드(Chad)호수로부터 기원하는데, 이 황사는 점토가 풍부한 단봉형(unimodal)을 보인다. 반면 사하라(Sahara)황사는 대규모 사질퇴적층에서 유래되는데, 단성분 광물입자를 가지는데 쌍봉형(bimodal) 입자를 보인다. 그러나 전체적으로 이들은 운반 후 퇴적되는 장소는 세 곳으로 나누어진다.

2) 황사의 운반, 이동

일반적으로 황사입자는 바람의 영향으로 부유(suspension), 도약(saltation), 굴림(creeping)에 의해 지면으로 이동된다. 작은 입자는 대기 중으로 부유해서 이동하게 되는데 상부층으로 상승하는 공기는 부유물질을 지탱할 수 있도록 해주고 이들 부유물질이 대기 주변에 머물 수 있도록 해준다. 일반적으로 지구표층의 바람은 약 0.2mm 이하 크기의 입자를 먼지의 형태로 대기로 부유하게 할 수 있다.

기존 연구결과 황사는 대기 중으로 부유된 후 먼 거리를 이동하는 것으로 알려졌다. 황사의 화학적 특성을 연구하여 그 기원을 비교한 다수의 연구에서는 중앙아시아의 황사 기원지에 유래된 황사가 편서풍을 타고 아메리카 대륙까지 이동하는 것으로 밝혀졌다. 물론 태평양 퇴적물에는 다량의 황사기원 퇴적물이 퇴적되어 있으며(Lee and Leinen, 1988) 더욱이 빙기-간빙기의 주기적 변화를 보이는 만큼 이러한 황사의 운반은 지구 규모의 기후변화와 밀접히 관계되고 있음을 알 수 있다.

황사에 대한 기본적 지식은 기후변화 연구에 관한 CLIMAP (Climate; Long-range Investigation, Mapping and Prediction)라는 프로젝트에 의해 좀 더 구체적으로 밝혀지기 시작했다. 이 프로젝트의 일부는 태평양에서 수행되었는데, 연구결과는 약 지금부터 1만8천 년 전인 최종빙기(LGM; Last Glacial Maximun)에는 표층수온(SST)의 구배가 현재보다 약 5도 정도 내려갔음을 지시하고 있다. 즉, 열대지역의 SST는 거의 변함없는 상태를 유지했음에도 불구하고, 고위도 지역의 한랭화는 SST구배를 급하게 만들고 결국, SST구배가 편성풍대로 편입하게 되고 해양순환의 형태도 바뀐 것으로 생각되고 있다(Thompson and Shackleton, 1980). 이렇게 위도 간의 급격해진 온도구배는 결국 대기와 해양순환을 강화시켰을 것으로 판단된다. 위도 간 온도구배가 급해지면, 건조해진 대륙에서 많은 양의 황사입자가 편서풍을 타고 이동하게 된다. 태평양에서 얻어진 많은 코아퇴적물에서 과거의 황사기록은 지구기후가 추웠던 시기에 증가했음을 알 수 있다. 태평양으로 전달되기 전인 중간 지점인 동해에서도 황사연구결과는 유사한 기록을 보인다. 즉, 빙기 동안에서는 중국대륙에서 발원한 황사입자의 플럭스가 증가하고 있음을 뚜렷하게 알 수 있다(Nagashima et al., 2007).

과거에 황사가 얼마나 이동되었는가 혹은 특정 지역에서 과거 어느 시점에 얼마나 많은 황사가 유입되었는가 하는 문제는 퇴적물 연구로부터 정확하게 추정할 수 있다. 그러나 최근에는 황사의 이동 현상을 시공간적으로 알아보기 위한 연구는 위성을 이용해서 수행되고 있다. 그림 A-5는 아시아에서 발원한 황사가 태평양, 북아메리카, 대서양으로 이동되는 과정을 자세히 보여주고 있다(Hsu et al., 2007).

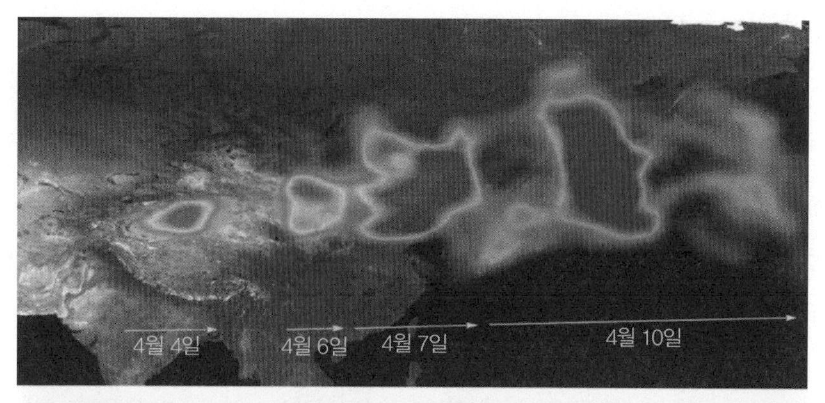

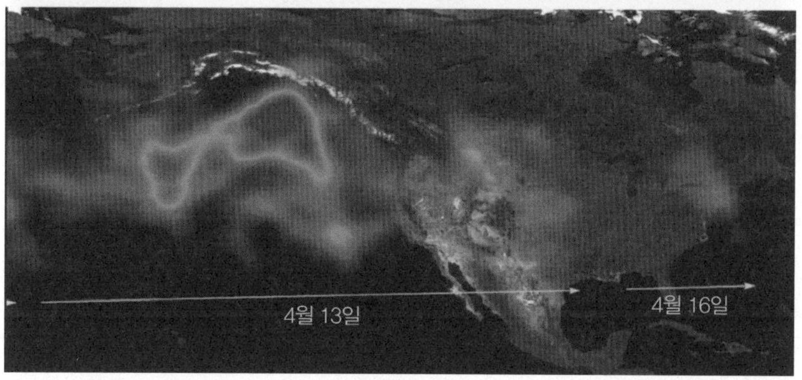

그림 A-5 아시아에서 발원한 황사가 태평양을 횡단하여 북아메리와 대서양으로 운반되고 있는 영상(Hsu et al., 2007)

아시아권에서 언급되는 황사(aeolian dust)는 아시아 대륙으로부터 한반도나 일본열도 쪽으로 이동된다.

이처럼 황사는 장거리를 이동하며 인간 생활과 농업, 교통 그리고 전 지구적 기후변화에 심각한 영향을 준다. 황사가 기후변화에 어떠한 영향을 주는가를 이해하기 위해 많은 연구들이 수행되어 왔다. 특히 일본에서는 중국기원 황사가 일본열도로 빈번하게 내습하고 있기 때문에 이에 대한 연구가 활발히 이루어져 왔다(Ohta et al., 2006; Mikami et al., 2006).

3) 퇴적물과 빙상코아(ice core)에 기록된 황사

해양퇴적물을 채취하고 각종 지화학 분석을 수행한다면 퇴적물 속에 황사기원 입자가 얼마나 유입되었는지를 파악할 수 있다. 마찬가지로 극지역 빙상코아에 대한 각종 분석으로부터도 황사의 기록과 과거 특정 시간에 대한 황사유입의 기록을 알아낼 수 있다. 이러한 기법은 분석기술의 발전과

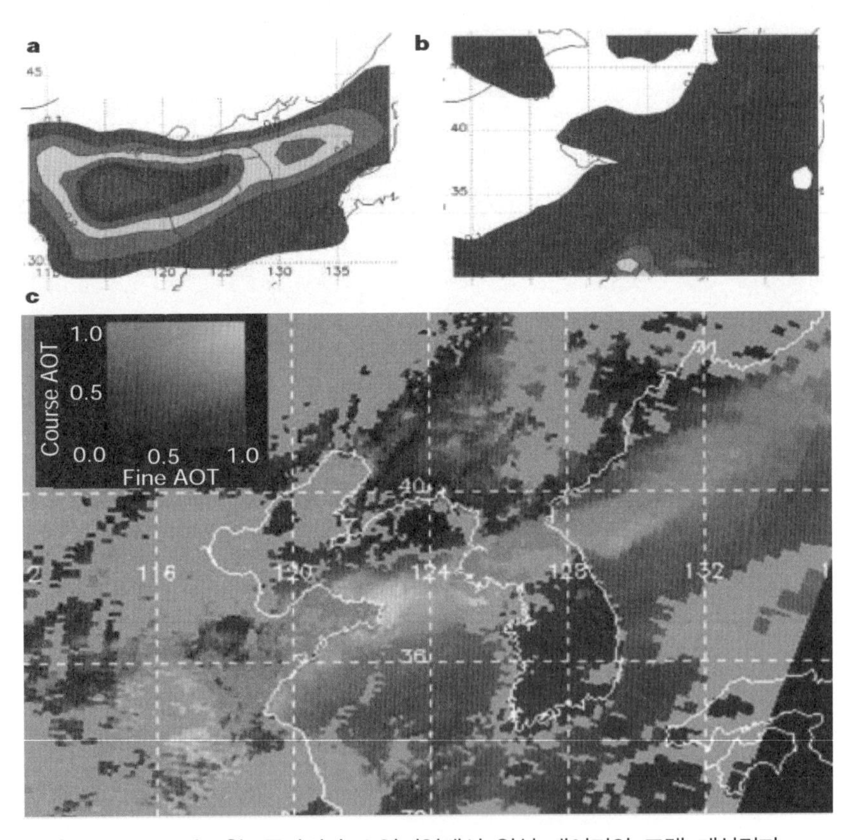

그림 A-6 2001년 3월, 동아시아 오염지역에서 위성 데이터와 모델 계산결과. a, b, c는 NAAPS 에어로졸 조립질 먼지입자의 광학적 두께에 대한 수치모델, b는 세립질 황사 입자, c는 오염 및 조립질 황사와 관련된 미립자의 광학적 두께(Kaufman et al.,2002)

정확한 연대측정이 가능해지면서 멀리 떨어진 지역에 대한 비교연구나, 더욱이 범지구적인 스케일로 해양퇴적물과 빙상퇴적물에 기록된 황사나 기타 기록을 비교할 수 있게 해준다(그림 A-6, A-7). 퇴적물에서는 지화학 분석에 의해 황사기록을 알아낼 뿐만 아니라, 연대측정을 위한 산소동위원소 기록 또는 유기물을 이용한 과거 표층의 수온(SST) 등 다양한 항목에 대한 기록을 복원할 수 있다. 또한 빙상코아로부터는 황사성분뿐만 아니라 중수소, 메탄 함량 등 대기 중에 존재했던 성분을 고분해로 분석할 수 있어 이들이 시간별 대기 중에 얼마나 높은 농도로 존재했었는지 복원할 수 있다(Petit et al., 1999; Maher et al., 2010).

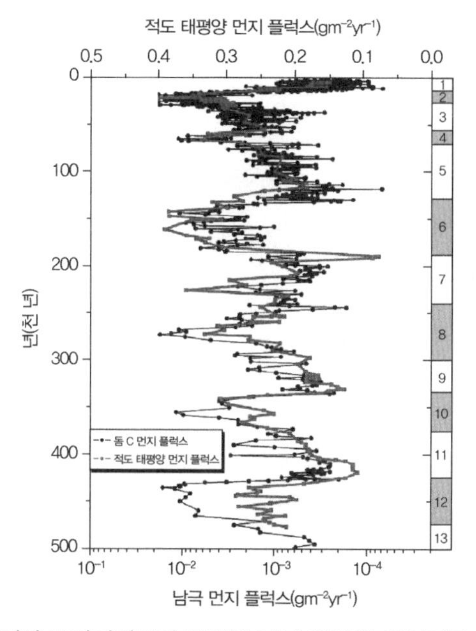

그림 A-7 적도 태평양 코아퇴적물에 분석된 과거 황사의 유입기록과 빙상코아(Dome C)에 기록된 황사기록.
과거 약 50만 년 동안 두 기록이 조화로운 변화를 보이고 있다(Winckler et al., 2008). 오른쪽 숫자는 산소동위원소 단계(Marine Isotope Stage)를 나타낸다(Maher et al., 2010).

03 과거의 황사기록과 기후변화의 지시자

1) 퇴적물에 기록된 과거의 황사기록

지나간 지구역사에서 황사와 황사의 퇴적, 기후변동 등과의 관련성에 대한 연구는 지질학에서 다루어지는 타 분야, 즉 환경변화를 지시하는 화분 연구나, 담수환경에 서식하는 규조플랑크톤과 같이 지질학적인 관점에서 연구가 진행되어 왔다. 황사퇴적물에 대한 연구는 19세기 말에 시작되기는 하였지만, 본격적으로 과학적 연구가 시작된 것은 20세기 중엽부터이다. 그럼에도 불구하고 황사에 대한 연구는 많은 진전을 이루었고, 신생대나 제4기 동안에 일어났던 뢰스(loess)나 황사현상에 대한 연구결과는 Kenneth Pye가 집대성한 단행본 『Aeolian dust and dust deposit』에 지적된 바와 같이 많은 진보를 이루었다. 황사에 대한 연구는 육지에 퇴적된 뢰스(loess)퇴적물뿐만 아니라 심해퇴적물이나 빙하 등에 퇴적된 황사에 대해서도 연구가 추가되었다.

대기 중에 부유된 황사는 결국 퇴적물로 침적하게 되는데 육지에 퇴적된 것을 뢰스(loess)라 칭한다. 대표적인 뢰스퇴적층은 중국에 위치하고 있는

텐겔이나 올도스 사막의 동남쪽에 위치하는 지역으로 현재 황사의 발원지가 되는 지역과 일치한다. 또한 황토고원 서쪽에 위치한 란조우 근처에는 두께가 200m가 넘는 뢰스 퇴적지대가 있는데 이곳은 타클라마칸 사막 주변에 해당하는 곳이다. 그 외 중앙아시아, 남부 이스라엘, 서부 아르헨티나, 미국의 대평원 등에서도 광범위한 뢰스퇴적층이 분포하고 있는 것으로 알려지고 있다. 이와 같은 뢰스퇴적층은 신생대 제4기(약 180만 년 전)에 형성된 것으로 바람에 의해 계속적인 뢰스토양이 침적되었음을 알 수 있다. 바람에 의해 부유되어 이동되고 퇴적되었기 때문에 과거 기후변동 연구의 훌륭한 소재로 이용된다. 이처럼 황사는 육지에서만 퇴적되지 않고 부유된 다음에는 편서풍을 타고 수일 만에 태평양으로 이동되고, 결국 해양퇴적물에 기록되기도 한다. 북태평양으로 유입되는 황사는 주로 봄철에 대기 상층에서 편서풍을 타고 아시아로부터 유래된 것으로 알려지고 있다. 보통 북위 25~40도 지역이 황사의 가장 큰 영향을 받는 것으로 나타났으며, 연구결과 해저퇴적물 중에는 수만 년에 걸쳐 아시아의 바람에 의해 운반된 물질들인 광물입자 등이 포함되어 있음을 알 수 있었다. 해양퇴적물에서 이와 같이 광물성분을 연속적으로 분석한 결과 광물성분의 주기적인 변화를 볼 수 있어 지구 규모의 빙기-간빙기와 같은 기후변동을 지시하는 것으로 해석되고 있다. 이와 같이 퇴적물에 기록된 황사기록은 육상의 뢰스퇴적물, 해양퇴적물 모두에서 볼 수 있으므로 여기서는 두 가지 경우를 구분해서 기술하기로 한다.

2) 뢰스퇴적물(loess deposit)

뢰스퇴적물의 정의

육상에 퇴적된 황사를 뢰스(loess)퇴적물로 명명하는데, 전통적으로 실트 크기로 바람에 의해 운반된 퇴적층(입자)을 지시한다. 전 지구표층의 약 10% 정도가 이 뢰스퇴적물로 덮여져 있다고 판단되고 있다(www. Wikipidia). 즉, 뢰스퇴적물은 풍성기원 퇴적물(aeolian sediment)이며 바람에 의해 운반되어 퇴적된 것으로 입자의 크기는 실트질의 크기와 유사한 20~50μm 정도의 크기로 20% 내외의 점토질(clay)과 사질이 들어 있다.

뢰스퇴적물은 대체적으로 균질할 뿐만 아니라 다공질(porous)이며 부서지기(friable) 쉽고 엷은 노란색이나 담황색을 띤다. 뢰스퇴적물 입자는 잘 마모되어 타원형이나 둥근 형태가 많으며 주로 석영, 장석, 운모 등과 같은 광물입자로 구성된다. 그림 A-9는 해양퇴적물이 나타난 층서를 뢰스층서와 대비한 그림이다. 산소동위원소와 대비를 시켜 연대를 결정했고, 각 연대(빙기－간빙기) 변화에 따른 황사유입이 변화(빙기증가, 간빙기 감소)를 보여주고 있다.

뢰스퇴적물은 중앙아시아뿐만 아니라 유럽지역, 아메리카 대륙에도 많이 나타난다. 즉, 뢰스퇴적물 자체가 갖는 의미가 황사현상에 의해 쌓인 퇴적물임을 의미하는 것이기 때문에 이들 뢰스퇴적물이 어떤 지역에 존재한다는 것은, 과거 그 지역이 황사현상이 빈번히 일어났고 그 결과 퇴적층(뢰스퇴적층)이 존재한다는 것을 의미한다. 그림 A-10은 헝가리 지역 뢰스퇴적층과 해양퇴적물에 존재하는 저서성 유공충에 대한 산소동위원소 비, 그리고 남극대륙의 빙상코아에서 얻어진 황사기록과 대비를 한 것이다. 이들 기록은 최소한 과거 90만 년, 혹은 70만 년간 빙기－간빙기의 뚜렷한 기록과 함께 뢰스층과 빙상코아 중의 황사기록과 잘 일치하고 있음을 지시한다(Varga et al., 2012).

여기서 다시 한번 강조하고 싶은 것은, 황사현상이 최근 인류시대(anthropocene, 산업혁명 이후의 시기)에만 일어난 것이 아니라 과거 수백만 년 동안 지속되어온 지구의 본질적 기후, 환경문제라는 점이다. 이런 점에서 인류세의 관점에서도 더더욱 중요하게 다루어져야 한다는 사실이다.

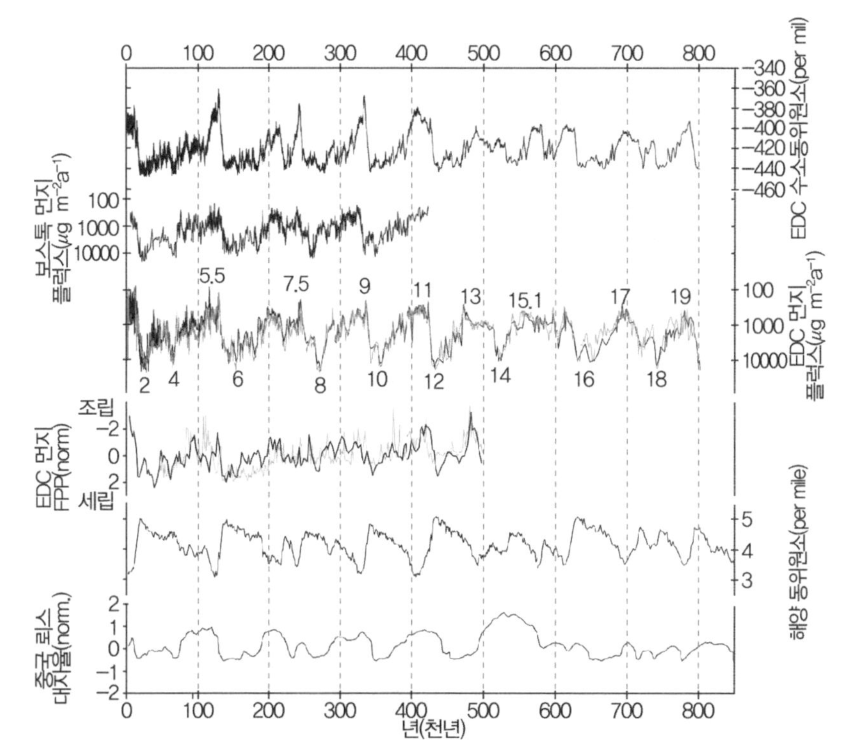

그림 A-8 남극 빙상코아(Vostok)와 EDC는 EPICA Dome C 남극 빙상코아에 기록된 황사 기록.
약 80만 년 동안의 기록이 주기적 변화를 볼 수 있다. 해양퇴적물에서 얻어진 산소동위원소 기록 및 중국대륙의 뢰스퇴적물 기록과 비교하고 있다 (Maher et al., 2010).

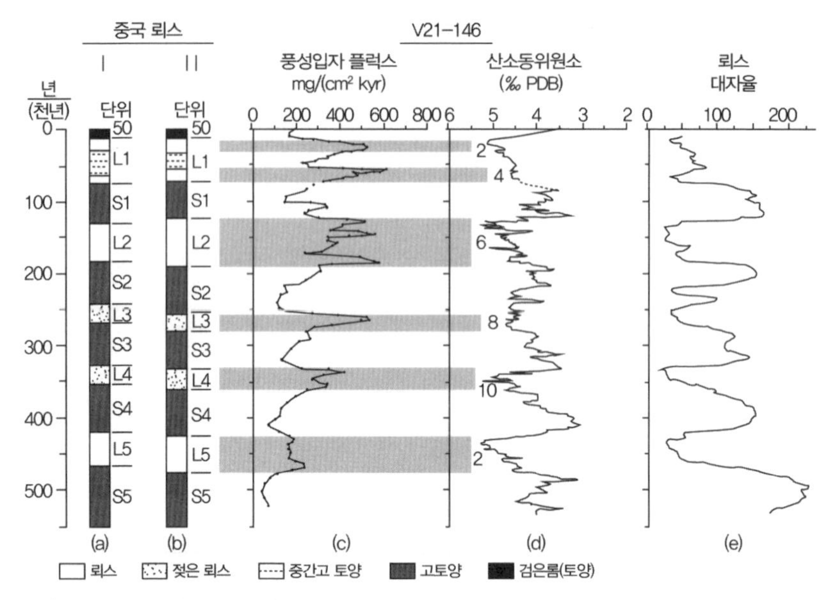

그림 A-9 해양퇴적물에 기록된 뢰스퇴적물.
뢰스퇴적물로 언급하고 있으나 황사라고 생각해도 된다.

3) 해양퇴적물(deep sea sediment)

육상퇴적물에서와 마찬가지로 해양퇴적물에도 수백만 년 동안 기후변동과 관련하여 대륙에서 기원된 황사퇴적물이 다량 존재하는 것으로 알려졌다. 이들 대륙에서 기원된 풍성기원 퇴적물은 기후변화의 결과물로 먼 거리를 대기 중에서 이동하여 퇴적된 것이기 때문에 장기간에 걸친 기후변동의 지시자로 활용된다. 특히 이들 풍성기원 입자의 운반이 기후변동에 의한 결과로 받아들여진다면, 아시아 몬순의 경우 약 20 Ma(이천만 년) 전에 티벳고원의 융기와 관계되어 시작되었다고 생각되고 있기 때문에 이들 풍성기원 퇴적물도 이때부터 해저에 운반되어 퇴적되었다고 할 수 있다. 이 절에서는 기존에 발표된 연구결과를 이용하여 태평양에 퇴적된 퇴적물 분석결과 나타난 풍성기원 퇴적물(이 장에서는 이들 풍성기원 퇴적물을 황사와 같은 의미로 사용)에 대한 특징이나 기후변동과의 관련성 등에 관해서 살펴보기로 한다.

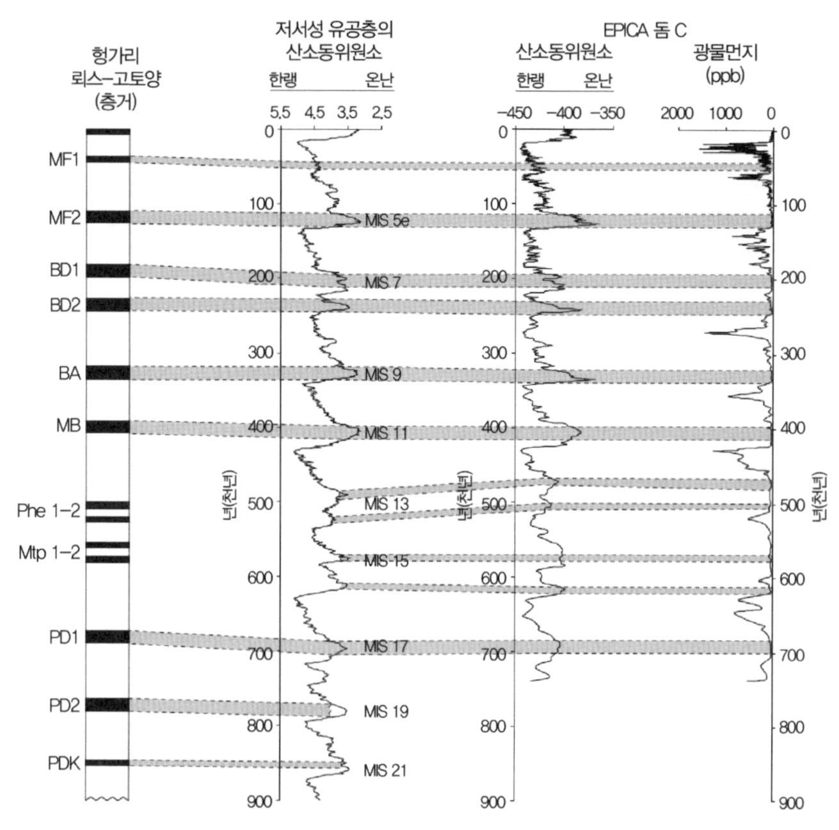

그림 A-10 헝가리 지역 뢰스퇴적층과 해양퇴적물 중의 산소동위원소, 빙상코아에 기록된 황사기록과의 대비(Varga et al., 2012). 과거 90만 년간 잘 대비되고 있다(EPICA 연구, 2004).

기존 연구결과 해양퇴적물에서도 과거의 황사기록을 잘 보존하는 것으로 보고되었다. 이미 20여 년 전에 몇몇 연구는 황사가 기후변동과 관련되어 태평양 심해퇴적물에 잘 보존되어 있는 것을 발표하였다(Kawahata et al., 2000). 그림 A-11은 빙기-간빙기, 즉 장기간에 걸친 기후변화는 황사유입량뿐만 아니라 운반되는 황사의 크기에도 영향을 주는 것으로 나타났다. 즉, 빙기에는 유입되는 황사 플럭스가 증가하고 있다.

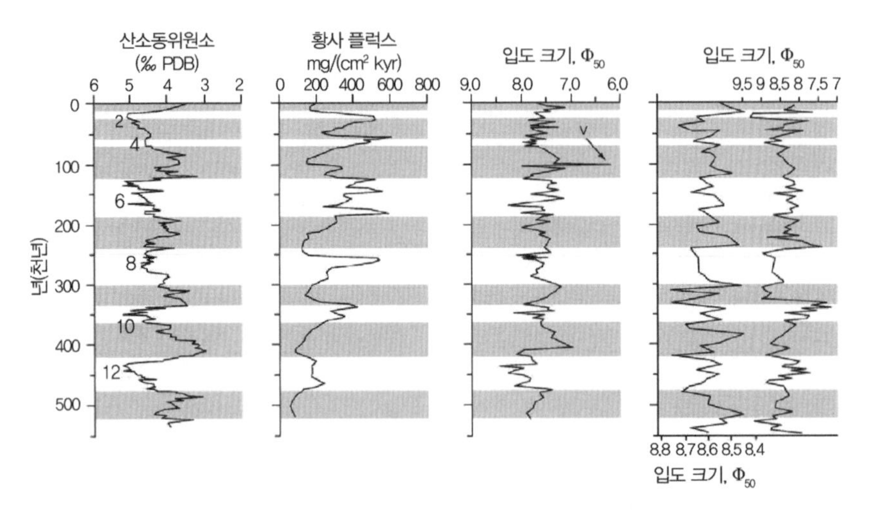

그림 A-11 해양퇴적물에 기록된 황사기록. 과거 약 50만 년간의 황사의 유입량 변화를 볼 수 있다. 그림 A에서 홀수는 간빙기, 짝수는 빙기를 지칭한다(Maher et al., 2010).

4) 기후변동과 황사

지구의 기후변동과 황사는 불가분의 관계가 있음을 보인다(Lambert et al., 2008). 즉, 황사는 대기로 유입되는 방사에너지를 흡수하거나 반사하여 균형을 유지하는 데 영향을 줄 수 있다. 또한 황사는 해양에서 주요 영양염인 철을 공급하는 기원이 되기도 한다. 오랫동안 황사의 발생, 운반, 퇴적은 빙기-간빙기 타임 스케일에서 기후변화에 영향받은 것으로 여겨졌다. 예를 들어, 동남극에 위치한 EPICA Dome C의 빙상코아(ice core)나 남극 보스톡(Vostok) 빙상코아 기록을 살펴보면, 과거 여덟 번에 해당하는 기후변화 주기에서도 교란되지 않고 잘 기록된 황사기록을 고분해(high resolution)로 확인할 수 있다(Petit et al., 1999).

그림 A-11과 A-12에서 알 수 있듯이 빙기 동안에는 황사 플럭스와 온도와는 뚜렷한 상관관계가 있음을 알 수 있지만 간빙기에는 이러한 관계가 보이지 않는다. 그러므로 남극에서조차도 황사 플럭스는 온도와 관계가 있으며, 빙기-간빙기를 반복하고 있으며 더 추웠을 때 황사유입이 많았던 것은 분명하다. 남극에서 황사유입이 많아졌던 시기와 온도가 내려갔던 시기가 일치한다는 것은 매우 중요한 사실이다. 반대로 이러한 관계가 불분명했을 때, 즉 빙기-간빙기 동안에 대기로 이동되는 황사가 많지 않다고 하는 사실은 결국 황사를 이동시키는 주요 요인이나 기원이 빙기 동안의 황사에 의존한다는 것을 의미한다. 그림에서도 알 수 있듯이 과거 80만 년간 빙기 동안에 약 25배 정도 많아진 황사 플럭스는 남아메리카에서 증가된 황사기원에 의한 것이며, 동시에 빙기 동안에 감소된 수문주기(hydrological cycle)로 인해 대류권 상부층에서 오랫동안 머물러 있었던 황사입자의 영향으로 해석되었다(Lambert et al., 2008).

5) 황사와 기타 환경

앞 절에서 황사의 중요성을 언급했다. 특히, 황사는 수십 만 년 전부터 지구환경을 지배해온 뚜렷한 자연현상임과 동시에 빙기-간빙기를 아우르는 지구의 기후변화와 뚜렷하게 일치하는 행보를 보이고 있음을 지적했다. 그러나 황사는 꼭 위해한 것만이 아닌 다른 긍정적 효과를 가져오는 측면도 있기 때문에 이 절에서는 황사가 다른 환경과 어떠한 위치관계, 상관관계가 있는지에 대해 간략하게 살펴보고자 한다.

황사는 직간접적으로 지구환경의 또 다른 축과 긴밀한 관계를 가진다. 다른 환경 변화의 원인이 되기도 하며 그 결과이기도 하다(그림 A-12, A-13). 우선 황사 또는 황사현상은 지구 기후변화의 결과물이다. 중앙아시아, 유럽, 아메리카 대륙에서 매년 볼 수 있는 황사현상은 기후변화의 결과로 만들어진 대기의 건조도에 따라 바람에 실려 먼 거리로 이동되는 현상이다. 예를 들어, 중앙아시아에서 발원한 황사는 편서풍을 타고 이동되는데 한반도, 일본열도에 황사가 전달된다. 이 지점을 넘어 태평양과 아메리카 대륙까지도 황사입자가 전달되는데, 물론 이동거리 및 바람의 세기와 입자 크기 등과는 뚜렷한 관계를 보이고 있다(Maher et al., 2012; Ohta et al., 2006; Mikami et al., 2006). 한반도에서 4~5월경에 자주 발생하는 황사현상은 대표적인 기후변화의 결과물이며 황사 이동의 대표적인 사례이다. 이미 언급했듯이 황사입자는 다양한 크기를 가지고 있으며, 미세먼지 크기에 해당하는 세립질 입자도 많은 만큼, 인간 생활과 건강에 큰 영향을 주고 있다.

그러나 일단 황사(현상)가 인간의 생활권 안으로 유입되면 인간에 미치는 영향을 더 커질 수 있다. 그 이유는 세립질 황사입자는 기존에 인간 활동에 의해 배출된 유해성분(가스나 미세먼지)과 합쳐져서 상승효과를 가져올 수 있기 때문이다. 그래서 황사 중에서도 자연기원과 인위기원의 황사로 구분할 수 있다(Du et al., 2017). Du 등(2017)이 조사한 바에 따르면 황사 중에 포함된 납(Pb) 성분은 인위기원과 자연기원으로 구분할 수 있으며, 용해 가능한 먼지 중에는 주변의 납광상, 석탄광산, 납이 함유된 가솔린 사용에서 기원되고 있음을 밝혔다. 당연히 이와 같은 인위기원의 황사에 대해

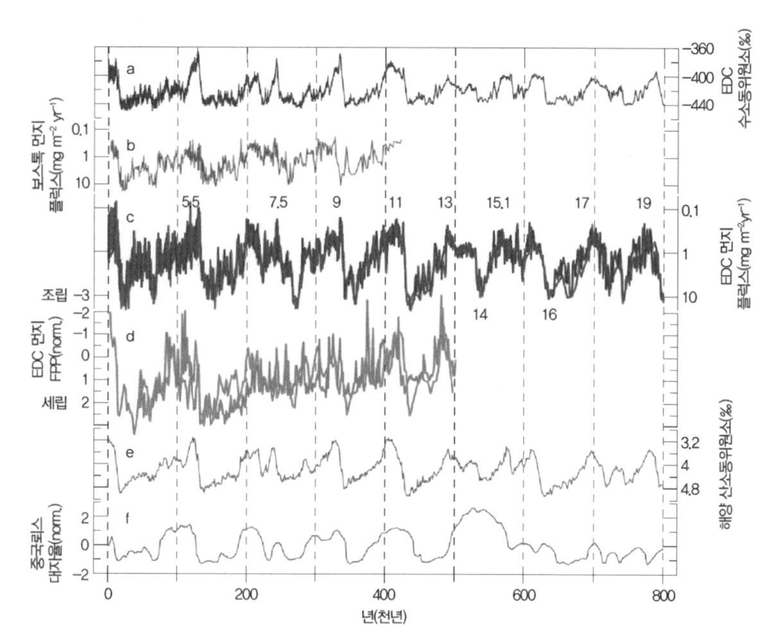

그림 A-12 보스톡 빙상코아에 기록된 먼지(dust)와 중국 내륙의 뢰스퇴적물과는 과거 80만 년간 뚜렷한 양의 상관관계를 보이고 있다(Lambert et al., 2008)

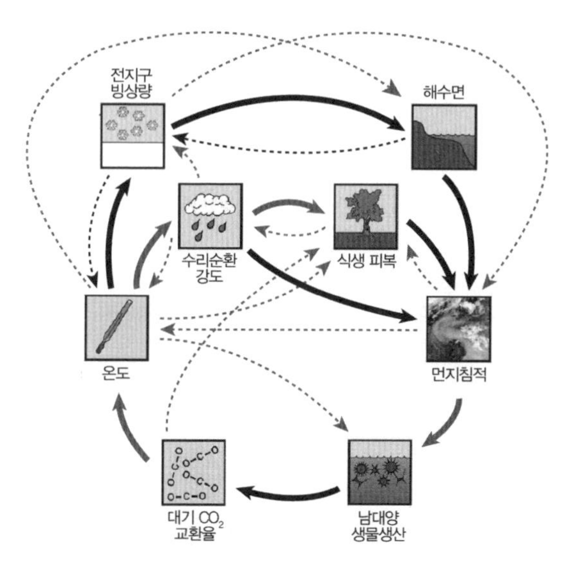

그림 A-13 황사와 주변 황경과의 관계를 도시한 그림(Maher et al., 2010)

서는 추가적인 연구가 필요하지만, 아시아 지역 고지대에서 얻어진 빙상퇴적물에 대해 납의 농도나 납 동위원소를 분석한 결과는 산업발달이나 이들 지역에서 인간의 활동에 의해 야기되는 인위기원 황사와 뚜렷하게 관련되고 있음을 밝히고 있다.

기술한 바와 같이 황사는 다양한 성분으로 이루어진다. 황사에 대한 화학분석 결과 여러 종류의 광물실과 점토광물을 포함하고 있다. 게다가 황사는 철 성분을 함유하고 있어서, 황사입자가 해양으로 유입되었을 때 철 성분은 플랑크톤의 1차 생산에 귀중한 영양염으로 작용할 수 있는 것으로 평가받고 있다. 철 성분은 생물생산에 제한적인 영양염(limiting nutrient)으로 간주되기 때문에 생물생산에 불가결한 영양염이다. 빙기－간빙기를 통해 해양으로 유입되는 황사(철 성분의 영양염)는 생물생산에 중요한 영향을 주기 때문에, 황사입자의 유입은 생물생산에 긍정적 효과를 가져오기도 한다. 이미 철에 의한 생물생산의 변동에 관한 학설은 철 가설(iron hypothesis)로 오래 전에 J. Martin에 의해 알려졌고(Martin et al., 1990), 그 후 여러 학자들에 의해 검증된 바 있다(Boyd et al., 2007; Tan and Wang, 2014).

해양에서 생물생산이 중요한 것은 이들 1차 생산자(phytoplankton)가 광합성을 통해 기초생산을 하고, 이 기초생산 과정에서 용존 이산화탄소를 이용하고, 다시 용존 이산화탄소가 부족하게 되면 대기로부터 해양으로 이산화탄소가 흡수된다는 것이다. 대기 중에 이산화탄소 농도가 변화한다는 것은 이산화탄소가 바로 온실가스의 하나이기 때문에 기후변화와 밀접히 관련된다는 것이다. 따라서 황사입자가 해양으로 유입되는 것은 기후변화의 결과로 야기되는 일이지만, 황사의 유입으로 대기 중 이산화탄소 농도가 변화하게 되고, 기후변화를 조절하는 인자가 된다고 한다면, 황사는 기후변화를 조절하는 인자이기도 한 것이다(그림 A-14).

황사는 기후변화의 결과물이기 때문에, 바람에 의해 이동되면서 퇴적될 때 식생의 생태에도 적지 않은 영향을 주는 것으로 알려졌다. 또한 기후변화와 관련되기 때문에 해수면 변화와도 관계있으며, 범지구적인 수문학적 주기(hydrological cycle)에도 관련된다(그림 A-13). 인간 생활에 유해한 측면에서 황사를 이해하는 것과 더불어 황사의 다양한 측면을 이해하기 위해서는 기후변화와 황사에 대한 지속적인 연구가 필요할 것이다.

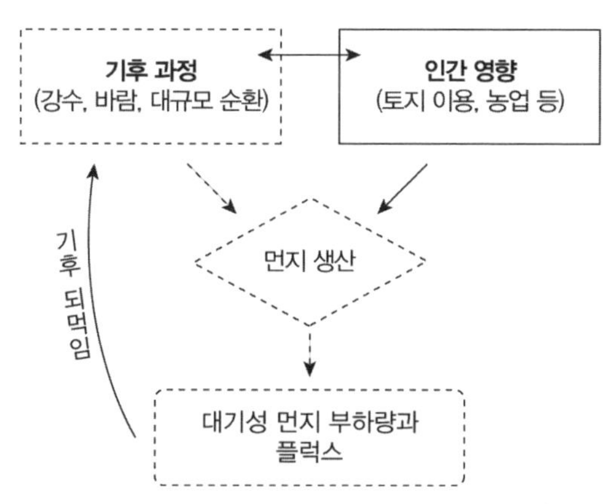

그림 A-14 황사와 기후변화와의 관계(Arimoto, 2001).
대부분의 연구는 기후과정에 초점을 맞추고 있으며, 최근에는 인간 활동이 대기성 먼지 부하와 기후 되먹임에 중심을 두고 있다.

04 황사에 대한 국제적 연구사례

이미 언급한 바와 같이 황사는 기후변동과 밀접히 관계되며, 또한 일상 생활환경, 인간의 건강과도 밀접한 관계가 있다. 특히 육지가 건조해지는 중위도 지역에서는 황사발생은 계절변화와 기상변화에 따라 많은 영향을 주는 것으로 알려졌기 때문에 궁극적으로 황사발생을 줄이는 노력이 중요하다고 할 수 있다. 이 장에서는 황사를 이해한다는 측면에서 수행한 기존의 연구를 중심으로 간단히 살펴보기로 한다.

1) 황사연구 – 아시아권

황사는 기후변동의 대표적 현상임과 동시에 기후변동의 산물이며, 기후변동과 밀접히 관계된다. 또한 황사는 발원지에서 먼 거리로 이동된다고 알려지고 있기 때문에 발원지에 가까운 곳에는 직접적 영향을, 그리고 발원지에서 멀리 떨어진 곳에서도 직간접적인 영향을 줄 수 있다.

황사는 먼 거리를 이동하기 때문에 인접국가와의 공동연구가 필요하며, 아시아권에서 수행된 연구로 그 사례를 설명하기도 한다.

중국-일본의 황사연구

중국과 일본 간에는 "Aeolian Dust Experiment on Climate impact (ADEC)"라는 중·일 공동연구를 2000년부터 5년간 수행한 바 있다. 이 연구에서는 Andersen-type 공기 채집기(미세먼지 편 3장에 언급)를 양 국가에 설치하여 관측 네트워크를 설립하고 황사의 입도 분포, 형태적 특성, 광물학적, 화학적 조성 등에 대해 조사한 바 있다. 관측정점은 중국에서는 3개 지역(Bejing, Hofei, Qingdao), 일본에서는 4개 지역(Naha, Fukuoka, Nagoya, Tsukuba)이다(그림 A-1).

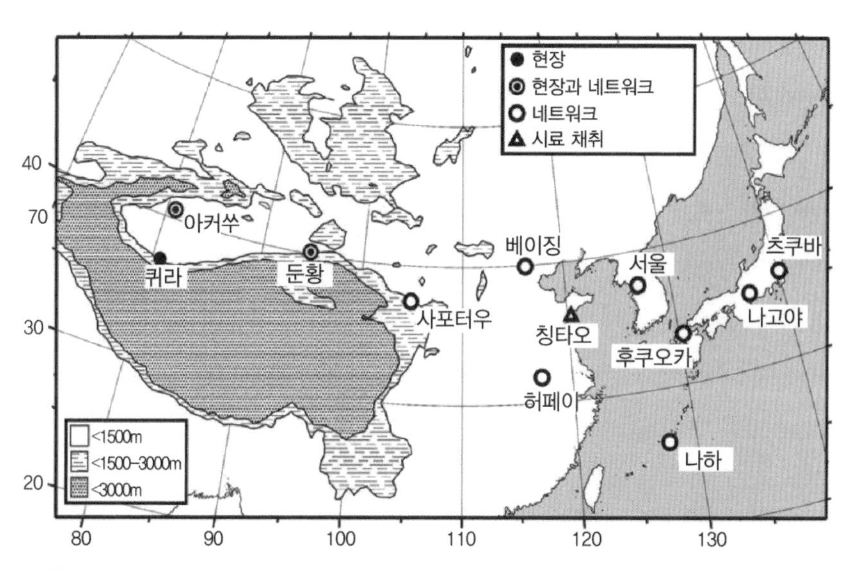

그림 A-15 AEDC 연구에서 사용된 현장측정 및 네크워크를 통한 연구(Mikami et al., 2006)

2) 황사연구 – 유럽, 미국

미국이나 유럽에서도 황사에 대한 많은 연구사례가 있다. 오히려 과거의 전통적인 방식에서 벗어나 위성을 통한 연구를 하는 등 황사연구를 리드하고 있다고 해도 과언이 아니다. 수많은 황사 관련 연구가 있으나 여기서는 과거 수백만 년 동안 대륙 간 황사 이동, 퇴적물 이동, 기후변화와 관련된 연구내용을 소개한다.

헝가리 고토양에 대한 황사연구는 과거 약 70만 년 동안 황사가 대규모로 발생했던 시기와 뢰스퇴적층 간에 뚜렷한 상관관계를 볼 수 있다(Varga et al., 2012). 이 연구를 통해서 과거의 황사퇴적이 어떻게 이루어졌고 또한 시기에 따른 이들 입자특성이 어떻게 되는지를 상세하게 다루었다. 과거 수십만 년간 황사입자의 퇴적학적, 지화학적 특성변화는 그동안 진행된 기후변동성과 그 주변 환경과 관련이 있다고 주장하고 있다.

또 다른 연구는 북대서양에서 얻어진 각종 지화학 자료를 근거로 하여 과거 약 250만 년간의 해양환경과 황사 이동 등에 관한 종합적인 연구결과이다(Lang et al., 2014). 황사입자에 대한 동위원소 분석을 통해 황사 발원지와 그 기원별로 퇴적된 상태와 이동경로를 확실히 밝히고 있다(그림 4-16). 또한 모델 결과를 가미하여 앞으로 올 50년간의 인위기원 온난화 현상을 설명하고 있다.

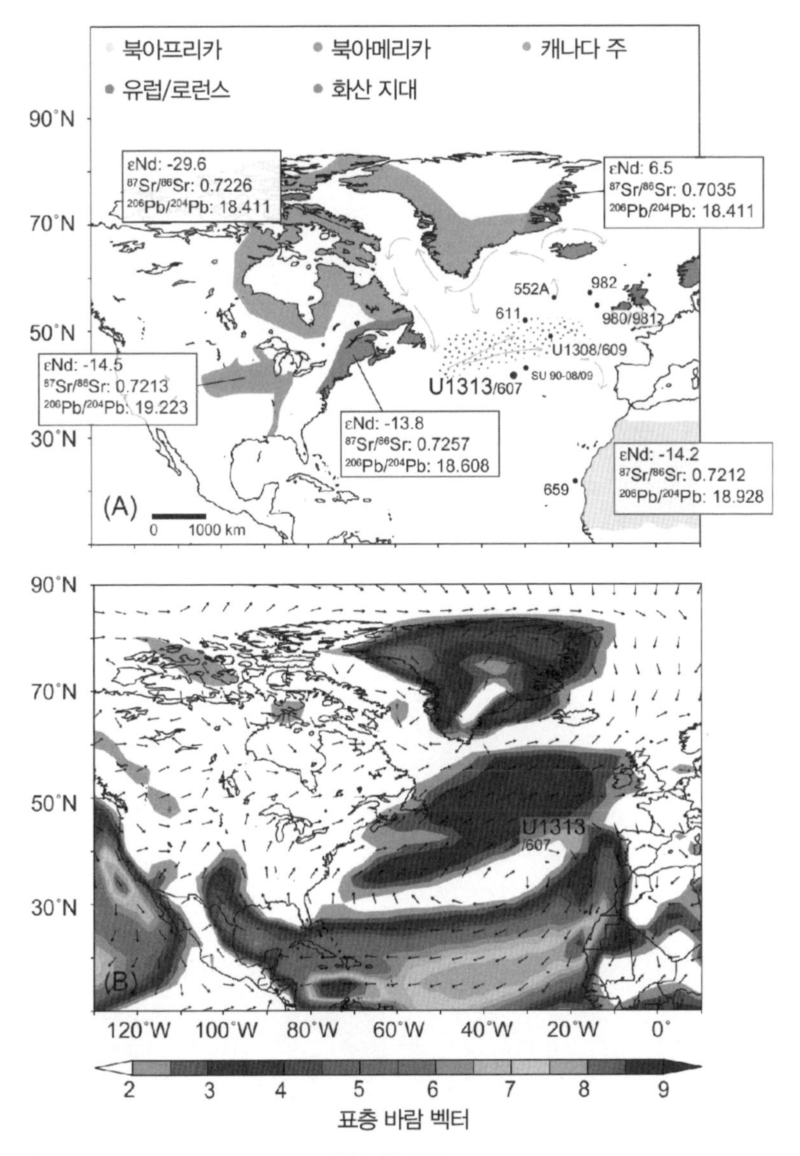

그림 A-16 북대서양 퇴적물을 이용한 황사연구.
(A) 그림은 동위원소 연구를 통해 동일기원 황사의 분포를 보여주고 있다 (Lang et al, 2014)

3) 기타 황사 관련 연구

최근에 국제적 혹은 개별적으로 수행되는 황사 관련 연구는 과거의 틀에서 벗어나 넓은 공간, 혹은 범지구적 차원에서 수행되는 경우가 많다. 황사에만 국한되지 않고 미세먼지나 황사, 이들을 전부 지칭하는 에어로졸 연구도 활발하게 진행되고 있다. 어쩌면 지구환경과 관련되거나 또는 기후변화나 인간의 건강과 관련되어 영향을 주는 것은 단일 대상이 아니기 때문일 것이다. 어떤 변화가 일어나는 것에도 경우에 따라서는 여러 요인이 복합적으로 어우러져 원인 제공을 하고 있을지도 모른다. 마찬가지로 기후변화, 인간의 건강에 대한 관점에서도 한 요인만이 영향을 준다고 생각하기보다는 여러 요인에 의해 이런 기후변화와 인간의 건강이 영향받는다고 할 수 있다. 그렇기 때문에 과학기술의 발전과 보조를 맞추어 다양한 측면을 동시에 연구하는 게 자연스러울 것이고 또 그렇게 해야 보다 정확한 결과를 도출하고 효율적인 대응과 대처에 임할 수 있을 것이다.

이런 측면에서 최근에는 인공위성을 이용한 에어로졸 연구가 활발히 진행되고 있다. 그림 A-17은 위성을 이용한 황사 이동 연구사례이다.

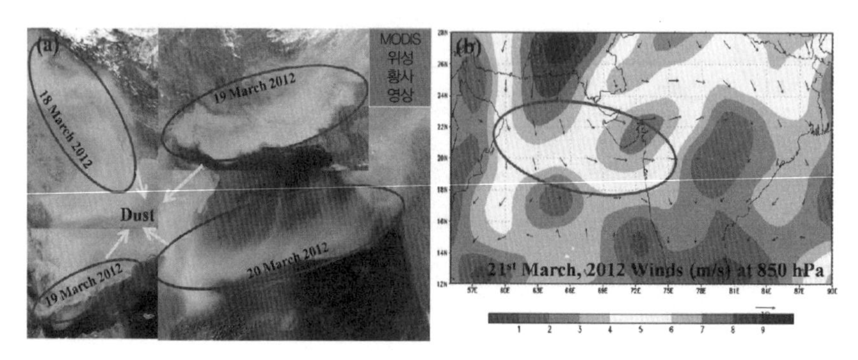

그림 A-17 MODIS 위성 영상은 황사 이동을 보여주고 있다(Vijayakumar et al., 2016).

우리 생활의 필요성 및 과학기술의 발전과 더불어 새로운 학문영역이 등장할 수 있다. 미세먼지와 황사에 대한 국제적 연구나 연구사례가 많아지는 이유도 이들 주제가 과학의 범위에 있으며, 우리 생활에 직접적으로 영향을 주기 때문일 것이다. 이들 영역은 새로운 기법을 통해 구체적인 정보를 찾아내곤 하는데, 미세먼지와 황사 분야에서도 수년 내에 보다 진보된 방법으로 밝혀낸 새로운 사실들이 알려질 것이다. 이를 위해 과거의 기록과 현재의 방향 등에 관하여 과학적 사실들을 직시할 필요가 있다. 그러한 의미에서 이 책은 미세먼지와 황사에 대한 다양한 연구사례 및 기초적인 정보를 제공하고 있다.

참고문헌

국립환경과학원, 2008. 황사 및 미세먼지 측정방법 조사연구.

이기호, 허철구 2017. 제주시 도심지역에서 여름과 겨울의 $PM_{2.5}$ 이온조성 특성. 한국환경과학회지, 26, 447-456.

장영기, 2016. 미세먼지 문제의 현황과 추이. 도시문제 575, 16-19.

(주) 미래산업리서치, 2017. 미세먼지 국내외 관련산업 이슈분석과 주요 핵심사업 시장전망, pp. 580.

현준원, 2015. 미세먼지오염 저감을 위한 대기관리법제 개선방향 연구. 한국법제연구원, pp. 135.

환경부, 2016. 바로알면 보인다. 미세먼지, 도대체 뭘까? pp. 71.

KEITI(한국환경산업기술원), 2012. 블랙카본의 축적 메커니즘 규명 기반 진단·예측기술.

Atsuyuki Ohta, 2006. (Geological Survey of Japan, AIST). Study on origin and transport of aeolian dust from the east Chian to Japan. Geochemical Journal 40, 363-376.

Borgie, M., Ledoux, F., Dagher, Z., Verdin, A., Cazier, F., Courcot, L., Shirali, P., Greige-Gerges, H., Courcot, D., 2016. Chemical characteristics of $PM_{2.5-0.3}$ and $PM_{0.3}$ and consequence of a dust storm episode at an urban in Lebanon. Atmospheric Research 180, 274-286.

Boyd, P.W., Jickells, T., Law, C.S., Blain, S., Boyle, E.A., Buesseler, K.O., Coale, K.H., Cullen, J.J., de Baar, H.J.W., Follows, M., Harvey, M., Lancelot, C.,

Levasseur, M., Owens, N.P.J., Pollard, R., Rivkin, R.B., Sarmiento, J., Schoemann, V., Smetacek, V., Takeda, S., Tsuda, A., Turner, S., Watson, A.J., 2007. Mesoscale Iron Enrichment Experments 1993-2005: synthesis and future direction. Science 315, 612-617.

Creamean, J.M., Suski, K.J., Rosenfeld, D., Cazorla, A., Demott, P.J., Sullivan, R.C., White, A.B., Ralph, F.M., Minnis, P., Comstock, J.M., Tomlinson, J.M., Prather, K.A., 2013. Dust and biological aerosols from the Sahara and Asia influence precipitation in the western U.S. Science 339, 1572~1578.

Du Zhiheng, Xiao Cunde., Liu Yaping, Yang Jiao, Li Chuanjin., 2017. Natural vs. anthropogenic sources supply aeolian dust to the Miaoergou Glacier: Evidence from Sr-Pb isotopes in the eastern Tienshan ice core. Quaternary International 430, 60-70.

Endlicher, W. (ed.), 2011. Perspectives in urban ecology: ecosystems and interactions between humans and nature in the metropolis of Berlin. Springer, Berlin.

Gertler A, 2004. Relevance of transport measures to abate air pollution in Cairo. Paper presented at 13th World Clean Air and Environmental Protection Congress and Exhibition, London, 22-27.

Gianguzza, A., Pelizzetti, E., Sammartano, S. (eds.), 2002. Chemistry of Marine Water and Sediments. Springer, Berlin.

Grantz, D.A., Garner, J.H.B., Johnson, D.W., 2003. Ecological effects of particulate matter. Environmental International 29, 213-239.

Han Yongxiang, Zhao Tianliang, Song Lianchun, Fang, Xiaomin, Yin Yan, Deng Zuqin, Wang Suping, Fan Shuxian, 2011. A linkage between Asian dust, dissolved iron and marine export production in the deep ocean. Atmospheric Environment 45, 4291-4298.

Huang, Z., Huang, J., Hayasaka, T., Wang, S., Zhou, T., Jin, H., 2015. Short-cut transport path for Asian dust directly to the Arctic: a case study. Environment Research Letters 10, doi:10.1088/1748-9326/10/11/114018.

Jeong, J-H., Shon, Z-H., Kang, M., Song, S-K., Kim, Y-K., Park, J., Kim, H., 2017. Comparison of source apportionment of $PM_{2.5}$ using receptor models in the main hub port city of East Asia: Buasn. Atomospheric Environment, 148, 115-127.

John Merrill, Eve Arnold, Margatet Leinen, Clark Weaver., 1994. Mineralogy of aeolian dust reaching the North Pacific Ocean 2. Relationship of mineral assemblage to atmosphere transport patterns. J. of Geophysical Research 99, 21025~21032.

Kang, J., Cho, B.C., Lee, C.-B., 2010. Atmospheric transport of water-soluble ions (NO_3^-, NH_4^+ and nss-SO_4^{2-}) to the southern East Sea. Science of the Total Environment 408, 2369～2377.

Kang, J., Choi, M.-S., Lee, C.-B., 2009. Atmospheric metal and phosphrous concentrations, inputs, and their biogeochemical significances in the Japan/East Sea. Science of the Total Environment 407, 2270～2284.

Kang, J., Choi, M.-S., Yi, H.-I., Jeong, J.-S., Chae, J.-S., Cheong, C.-S., 2013. Elemental composition of different air masses over Jeju Island, South Korea. Atmospheric Research 122, 150～164.

Kang, J., Choi, M.-S., Yi, H.-I., Song, Y.-H., Lee, D., Cho, J.-H., 2011. A five-year observation of atmospheric metals on Ulleung Island in the East/Japan Sea: temporal variability and source identification. Atmospheric Environment 45, 4252～4262.

Kawahata, H., Okamoto, T., Matsumoto, E., Ujiie, H., 2000. Fluctuations of eolian flux and ocean productivity in the mid-latitude North Pacific during the last 200 kyr. Quaternary International 19, 1279-1291.

Kunii O et al., 2002. The 1997 haze disaster in Indonesia: its air quality and health effects. Archives of Environmental Health, 57, 16-22.

Laden, F., Neas, L.M., Dockery, D.W., Schwartz, J., 2000. Association of fine particulate matter from different sources with daily mortality in six U.S. cities. Environmental Health Perspectives 108, 941-947.

Lambert, F., Delmonte, b., Petit, J.R., Bigler, M., aufmann, P.R., Hutterli, M.A.,

Stocker, T.F., Ruth, U., Steffensen.J.P., Maggi, V., 2008. Dust-climate couplings over the past 800,000 years from the EPICA Dome C ice core. Nature 452, 616-619.

Lang, D.C., Bailey, I., Wilson, P.A., Beer, C.J., Bolton, C.T., 2014. The transition on north America from the warm humid Pliocene to the glaciatd Quaternary traced by eolian dust deposition at ta benchmark north Atlantic Ocean drill site. Quaternary Science Reviews 93, 125-141.

Larrasoaña, J.C., Roberts, A.P., Rohling, E.J., 2008. Magnetic susceptibility of eastern Mediterranean marine sediments as a proxy for Saharan dust supply? Marine Geology 254, 224～229.

Li, T., Wu, Y., Du, S., Huang, W., Hao, C., Guo, C., Zhang, M., Fu, T., 2016. Geochemical characterization of a Holocene aeolian profile in the Zhongha area (southern Tibet, China) and it paleoclimatic implications. Aeolian Research 20, 169-175.

Li, T.-C., Yuan, C.-S., Hung, C.-H., Lin, H.-Y., Huang, H.-C., Lee, C.-L., 2016. Chemical characteristics of marine fine aerosols over sea and at offshore islands during three curise sampling campaigns in the Taiwan Strait-sea salts and anthropogenci particles. Atmospheric Chemistry and Physics, doi:10.5194/acp-2016-384.

Loring D.H., Rantala, R.T.T., 1992. Manual for the geochemical analyses of marine sediments and suspended particulate matter. Earth-Science Reviews 32, 235-283.

Maher, B.A., Prospero, J.M., Mackie, D., Gaiero, D., Hesse, P.P., Balkanski, Y., 2010. Global connections between aeolian dust, climate and ocean biogeochemistry at the present day and at the last glacial maximum. Earth-Science Reviews 99, 61-97.

Margaret Leinen, Joseph M. Prospero, EveArnold, Marsha Blank., 1994. Mineralogy of aeolian dust reaching the North Pacific Ocean 1. Sampling and analysis. J. of Geophysical Research 99, 21017~21023.

Martin, J.H., 1990. Glacial-interglacial CO_2 change: The iron hypothesis.

Paleoceanography, 5, 1-13.

Mazzeo, N.A. (ed.), 2011. Air quality monitoring, assessment and management. In Tech, Rijeka.

McMurry, 2000. A review of atmospheric aerosol measurements. Atmospheric Environment 34, 1959~1999.

McMurry PH, Shephered M, Vickery JS, eds. Particulate matter science for policy maker: a NARSTO assessment. Cambridge, Cambridge University Press, 2004.

Mikami, M., Shi, G.Y., Uno, I., Yabuki, S., Iwasaka, Y., Yasui, M., Aoki, T., Tanaka, T.Y., Kurosaki, Y., Masuda, K., Uchiyama, A., Matsuki, A., Sakai, T., Takemi, T., Nakawo, M., Seino, N., Ishizuka, M., Satake, S., Fukita, K., Hara, T., Kai, K., Kanayama, S., Hayashi, M., Du, M., Kanae, Y., Yamada, Y., Zhamg, X.Y., Shen, Z., Zhou, H., Abe, O., Nagai, T., Tsutsumi, Y., Chiba, M., Suzuki, J., 2006. Aeolian dust experiment on climate impact: An overview of Japan-China joint project ADEC. Global and Planetary Change 52, 142-172.

Nagashima, K., Tada, R., Tani, A., Toyoda, S., Sun, Y., Isozaki, Y., 2007. Contribution of aeolian dust in Japan Sea sediments estimated from ESR signal intensity and crystallinity of quartz. Geochemistry Geophysic Geosystems 8, doi:10.1029/2006GC001364.

Niver Posedel, Jadran Faganeli., 1991. Nature and sedimentation of suspended particulate matter during density stratification in shallow coastal waters (Gulf of Trieste, northern Adriatic). Marine Ecology Progress Series 77, 135-145.

Petit. J.R., Jouzel, J., Raynaud, D., Barkov, N.I., Barnola, J-M., Basile, I., Chappellaz, J., Davis, M., Delaygue, G., Delomotte, M., Kotlyakov, V.M., Legrand, M., Lipenkov, V.Y., Lorius, C., Pepin, L., Ritz, C., Saltzman, E., Stievenard, M., 1999. Climate and atmospheric history of the past 420,000 years from the Vostok ice core, Antarctica. Nature 399, 429-436.

Qian Huang, Shuiqing Li, Gengda Li, Yingqi Zhao, Qiang Yao, 2016. Reduction of fine particulate matter by blending lignite with semi-char in a down-fired pulverized coal combustor. Fuel 181, 1162-1169.

Rai, P.K., 2016. Impacts of particulate metter pollution on plants: implications for environmental biomonitoring. Ecotoxicology and Environmental Safety 129, 120-136.

Reinhardt, T.E., Ottmar, R.D., Castilla, C., 2001. Smoke impacts from agricultural burning in a rural Brazilian town. J of the Air and waste management association 51, 443-450.

Rea, D. K., Leinen, M., 1988. Asian aridity and the zonal westerlies: late Pleistocene and Holocene record of eolian deposition in the northwest Pacific Ocean. Paleogeography, Paleoclimatology, Paleoecology 66, 1-8.

Richard Muller, 2015. How does the air pollution in China affect Japan and Korean Peninsula? http://berkeleyearth.org/air-pollution-overview.

Richard Reynolds, Jayne Belnap, Marith Reheis, Paul Lamothe, Fred Luiszer, 2001. Aeolian dust in Colorado Plateau soils: nutrient inputs and recent change in source. PNAS, 98, 13, 7123-7127.

Roberts, A.P., Rohling, E.J., Grant, K.M., Larrasoaña, J.C., Liu, Q., 2011. Atmospheric dust variability from Arabia and China over the last 500,000 years. Quaternary Science Reviews 30, 3537～3541.

Schauer, J.J., Rogge, W.F., Hildemann, L.M., Mazurek, M.A., Cass, G.R., Simoneit, B.R.T., 1996. Source apportionment of airborne particulate matter using organic compounds as tracers. Atmospheric Environment 30, 3837-3855.

Shao, Y., Wyrwoll, K.-H., Chappell, A., Huang, J., Lin, Z., McTainsh, G.H., Mikami, M., Tanaka, T.Y., Wang, X., Yoon, S., 2011. Dust cycle: an emerging core theme in earth system science. Aeolian Research 2, 181～204.

Sharma, A.P., Kim, K-H., Ahn, J-W., Shon, Z-H., Shon, J-R., Lee, J-H., Ma, C-J., Brown, R.J.C., 2014. Ambient particulate matter (PM_{10}) concentrations in major urban areas of Korea during 1996-2010. Atmospheric Pollution Research 5, 161-169.

Sillanpää, M., Hillamo, R., Saarikoski, S., Frey, A., Pennanen, A., Makkonen, U., Spolnik, Z., Grieken, V., Braniš, M., Brunekreef, B., Chalbot, M.-C., Kuhlbusch, T., Sunyer, J., Kerminen, V.-M., Kulmala, M., Salonen, R.O., 2006. Chemical composition and mass closure of particulate matter at six urban sites in Europe. Atmospheric Environment 40, S212-S223.

Sivertsen B, El Seoud AA, 2004. The air pollution monitoring network for Egypt. Paper presented at Dubai International Conference on Atmosphere Pollution, 21-24.

Stuut, J-B., Smalley, I., O'Hara-Dhand, K., 2009. Aeolian dust in Europe: African sources and European deposits. Quaternary International 198, 234-245.

Stuut, J-B., Zabel, M., Ratmeyer, V., Helmke, P., Lavik, G, Schneider, R., 2005. Provenance of present-day eolian dust collected off NW Africa. J. Geophycal Research 110, D04202, doi:10.1029/2004JD005161

Tan Sai-Chun, Wang Hong, 2014. The transport and deposition of dust and its impact on phytoplankton growth in the Yellow Sea. Atmospheric Environment 99, 491-499.

Varga, G., Kovace, J., Ujvari, G., 2012. Late Pleistocene variations of the background aeolian dust concentration in the Carpathian Basin: an estimate using decomposition of grain-size distribution curves of loess deposits. Netherlands Journal of Geoscience 91, 159-171.

Vijayakumar, K., Devara, P.C.S., Rao, S.V.B., Jayassankar, C.K., 2016. Dust aerosol characterization and transport features based on combined ground-based, satellite and model-simulated data. Aeolian Research 21, 75-85.

Wakeham, S.G., Lee Cindy, 1989. Organic geochemistry of particulate matter in the ocean: The role of particles in ocean chemistry cycles. Org.Geochem 14, 83-96.

WHO, 2013. Health effects of particulate matter.

Winton, H., Bowie, A., Keywood, M., van der Merwe, P., Edwards, R., 2016. Sutibility of high-volume aerosol samplers for ultra-trace aerosol iron measurements in pristine air masses: blanks, recoveries and bugs. Atmospheric Measurement Techniques, doi:10.5194/amt-2016-12.

Xie and Chi, 2016. JAES 120, 43-61.

Zhang, X.-X., Sharratt, B., Chen, X., Wang, Z.-F., Liu, L.-Y., Guo, Y.-H., Li, J., Chen, H.-S., Yang, W.-Y., 2016. Dust deposition and ambient PM10 concentration in central Asia: spatial and temporal variability. Atmospheric Chemistry and Physics, doi:10.5194/acp-2016-512.

저자 소개

현상민 (Hyun, Sangmin)

제주도 서귀포시에서 태어났다. 1997년 도쿄대학(일본) 이학연구과(지질학전공)에서 이학박사 학위를 취득한 이후 현재까지 한국해양과학기술원(KIOST)에서 근무하고 있다. 지구환경과 관련된 기후변화나 해양환경변화에 대한 연구를 하고 있으며 주요 저서로는 『지구환경 변화사와 해저자원』(1999, 공저), 『지구표층환경의 진화』(2013, 공역), 『해양지구환경학』(2015, 공역), 『해양대순환』(2016, 공역) 등과 기타 국제 및 국내 학술논문 60여 편이 있다.

강정원 (Kang, Jeongwon)

1970년 전라북도 임실에서 태어났다. 서울대학교 지구환경과학부에서 이학박사 학위를 취득했다. 현재 한국해양과학기술원(KIOST)에서 해양 미세먼지 및 퇴적물 지화학 연구를 하고 있다. 기후변화나 대기 중 미세먼지와 관련된 많은 논문을 발표하고 있다.

감수자 소개

홍기훈 (Hong, Gi Hoon)

한국해양과학기술원장

前 런던 협약의정서 합동과학그룹회의 의장(2011~2015)

前 한국환경준설학회장(2008~2015)

1977년 서울대학교 해양학(이학사)

1981년 서울대학교 대학원 해양화학(이학석사)

1986년 미국 알라스카 주립 대학교 환경화학(이학박사)

주요 저서 및 역저

Hong GH, Hamilton TR, Baskaran MB, Kenna TC. (2011). Applications of anthropogenic radionuclides as traces to investigate marine environmental processes. In Baskaran M (ed.) Handbook of Environmental Isotope Geochemistry-Springer, Heidelberg, 367-394 등 저서 및 학술논문 170여 편, 오메가 다이어트(2003), 당신은 몇 살입니까(2005), 시장의 진실(2008), 닫힌 도시를 열어라(2012)